宛如机织般不可思议的编织纹理

奇妙的阿富汗针编织

日本宝库社 编著 蒋幼幼 译

Tunisian Crochet

河南科学技术出版社
· 郑州 ·

目 录

TUNISIAN CROCHET PATTERN
基础的阿富汗针编织花样

TUNISIAN SIMPLE STITCH
基本阿富汗针编织

这是所有阿富汗针编织的基础针法。阿富汗针编织的起针与钩针编织一样，钩织锁针起针。
从起针上挑取的针目一定是下针，所以任何花样的第 1 行都是基本阿富汗针编织。

样片

图解

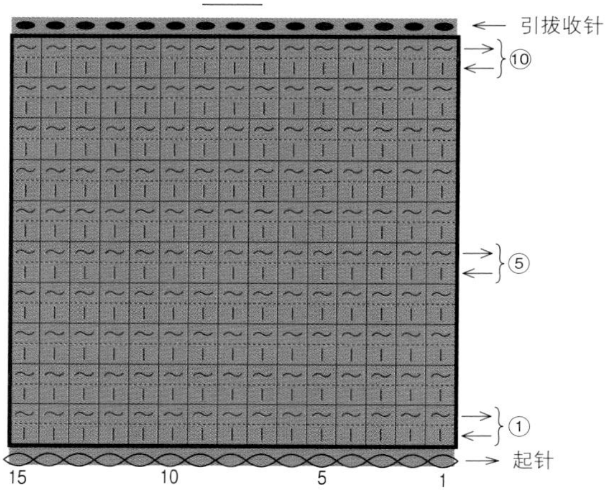

第 1 行　前进编织（竖针）

从锁针的里山（1 根线）挑针。跳过针边的第 1 针锁针，从第 2 针锁针的里山开始挑针。如箭头所示插入针头。

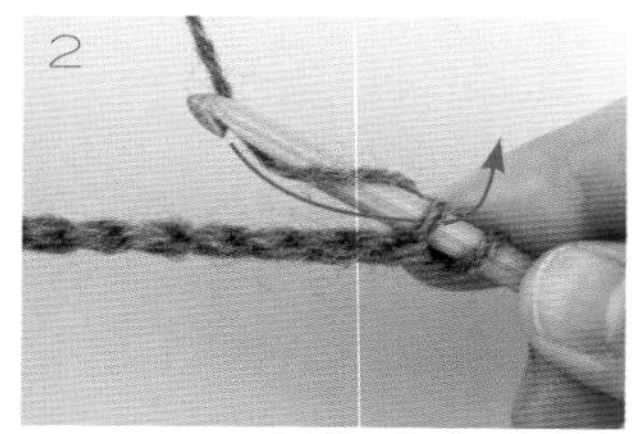

挂线，如箭头所示拉出。

第 2 针完成。

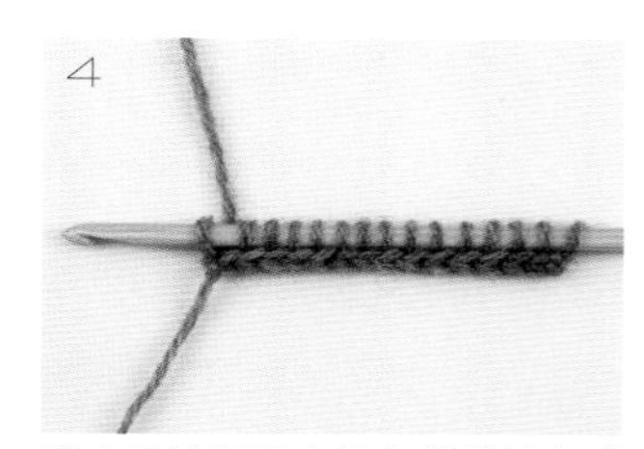

第 1 行按相同方法全部挑针完成后的状态。

第 1 行　后退编织

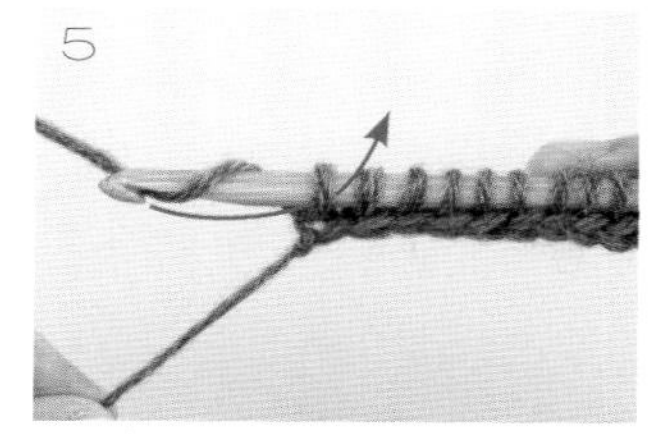

针头挂线，如箭头所示引拔穿过边上的 1 个线圈。

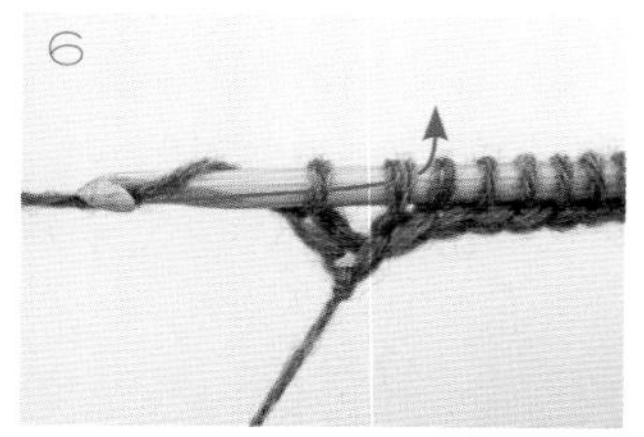

针头再次挂线，如箭头所示引拔穿过针上的 2 个线圈。

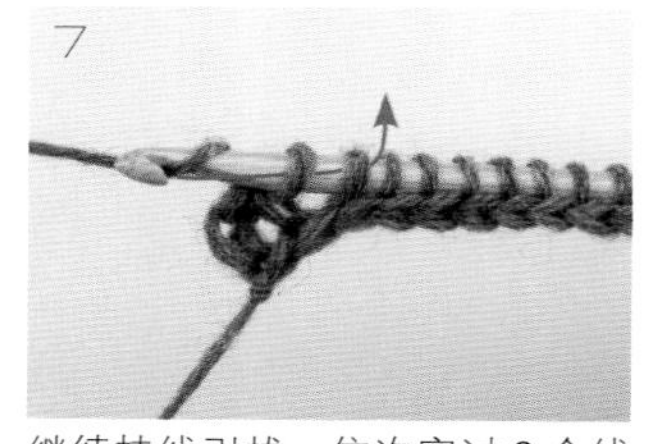

继续挂线引拔，依次穿过 2 个线圈编织退针。

往返 1 次前进编织和后退编织就完成了 1 行。留在针上的针目将作为第 2 行前进编织的第 1 针。

阿富汗针编织的 1 针是由“前进编织”和“后退编织”的 1 组针目构成的。
无论是“前进编织”还是“后退编织”，都是看着织物的正面进行。所以，“基本上都可以看着织物的正面编织”也是阿富汗针编织的特点之一。
首先掌握基础的编织方法和针目的结构，再来挑战各种奇妙的编织花样吧！

※ 阿富汗针编织基础技法请参照本书最后面的技法说明

第 2 行　前进编织

如箭头所示，将针插入第 1 行的第 2 针竖针。

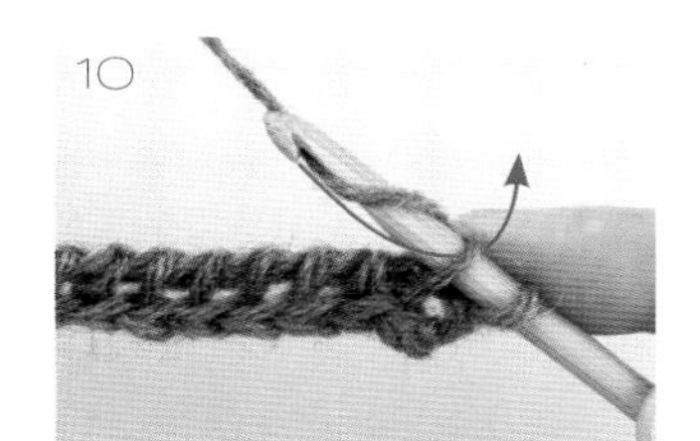

挂线后拉出。

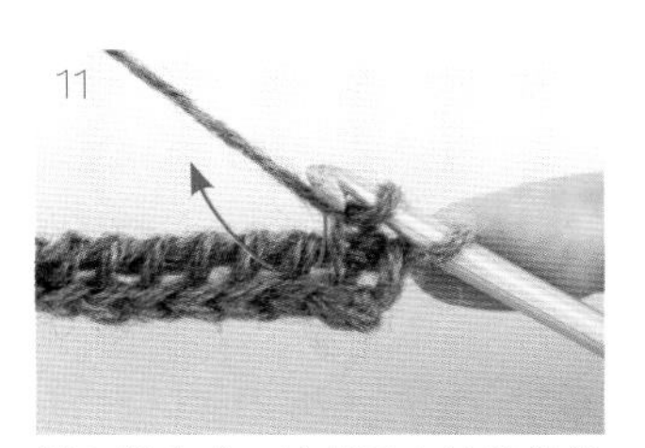

第 2 针完成。按相同方法继续编织。

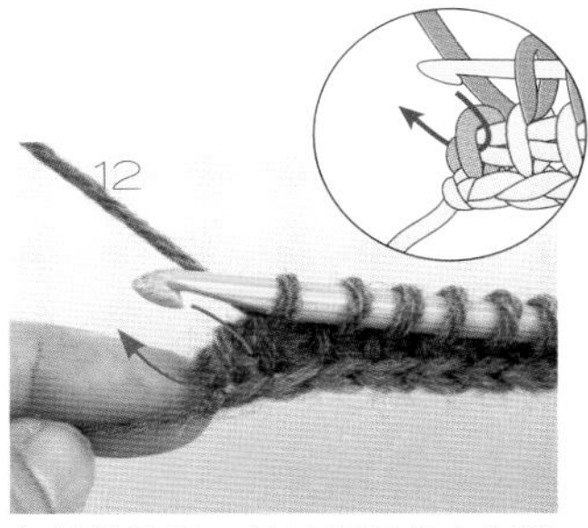

左端的最后一针从竖针的 1 根线以及后面连接退针的 1 根线（共 2 根）里挑针编织。

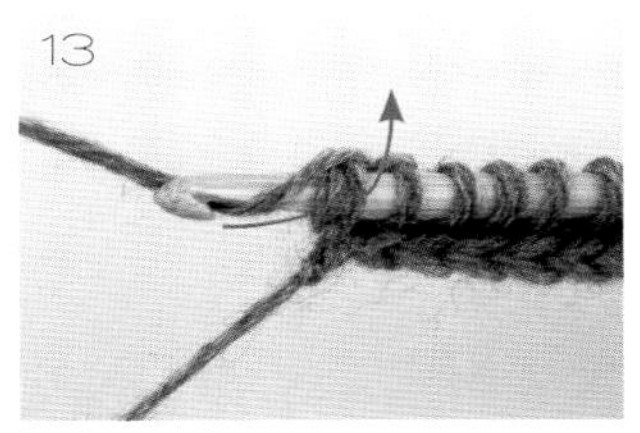

挂线后拉出。

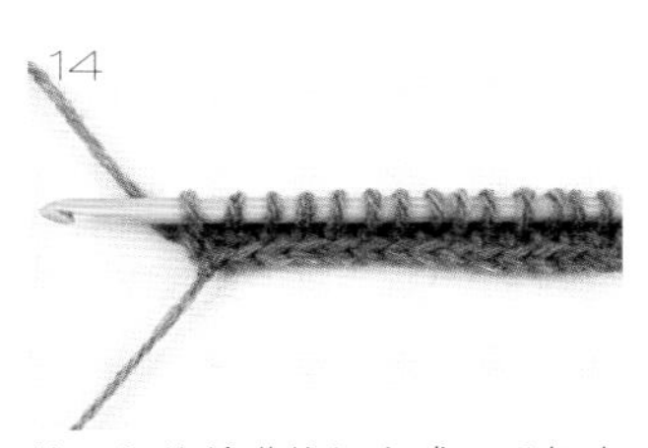

第 2 行的前进编织完成。重复步骤 5~8 编织退针。

第 3 行　左端

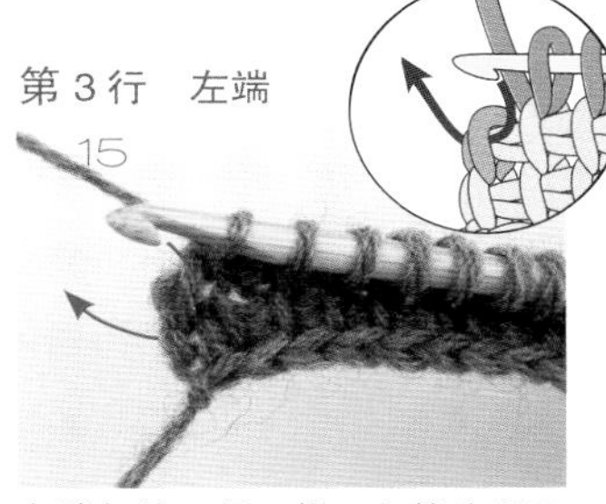

左端与第 2 行一样，如箭头所示在竖针的 1 根线及后面连接退针的 1 根线（共 2 根）里插入针头。

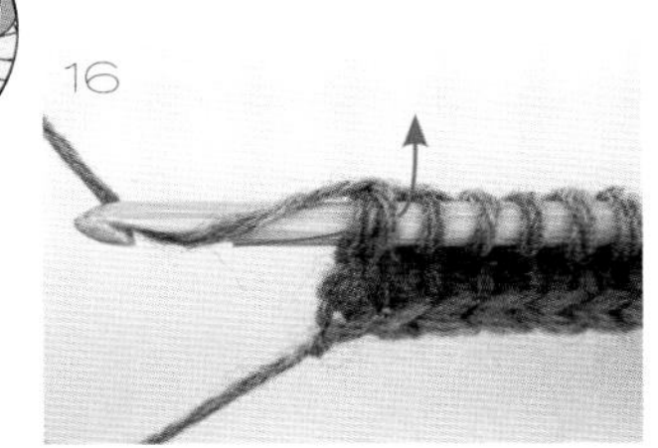

挂线后拉出。

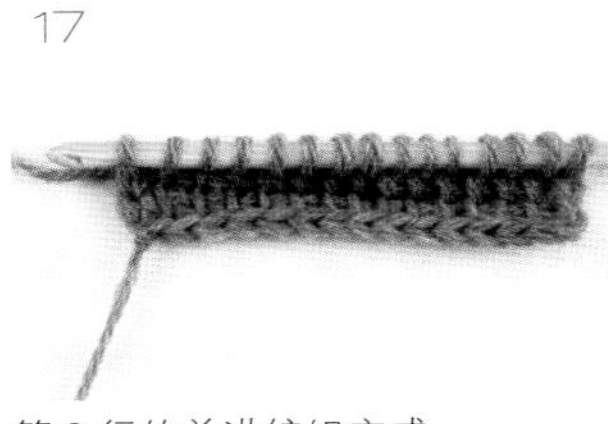

第 3 行的前进编织完成。

第 4 行以后也按相同方法编织。左端针目类似于平针的效果。

引拔收针（编织终点）

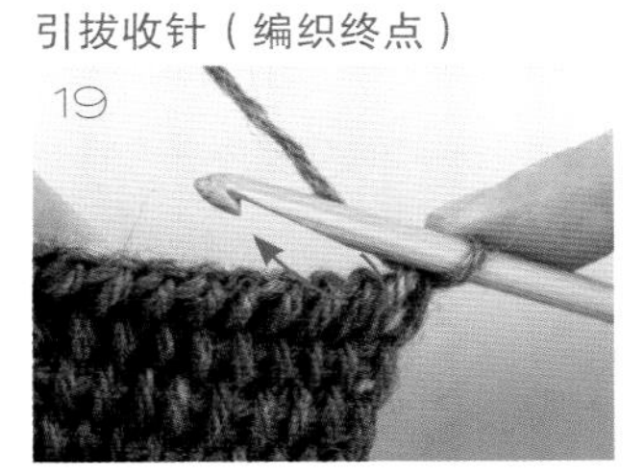

将针插入最后一行的第 2 针竖针。

挂线，引拔穿过针上的 2 个线圈。

1 针引拔收针就完成了。

4 针引拔收针完成后的状态。

收针至左端后，将线剪断并拉出。

一边编织最后一行的针目，一边做引拔收针。完成。

TUNISIAN PURL STITCH

上针的阿富汗针编织

虽然第 1 行是基本阿富汗针编织，但是最初的退针要一次性引拔穿过边上的 2 针竖针。这是因为下针和上针的线圈挂在针上的方向是相反的，如果直接编织退针，边针与下一针之间就会产生空隙。每行的左端都要按相同的方法编织退针。

样片

图解

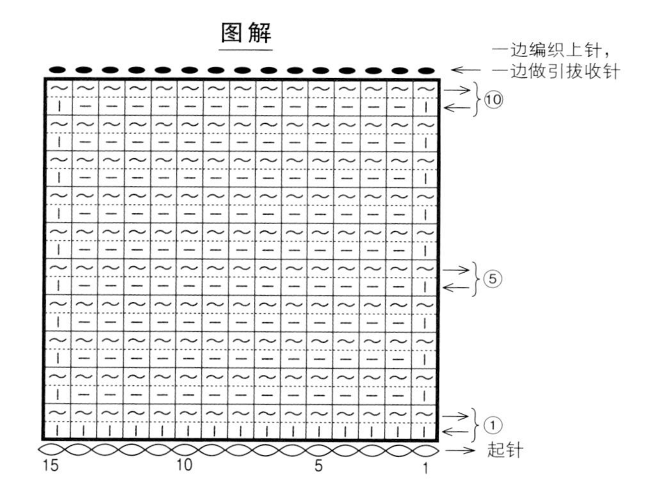

第 1 行　后退编织

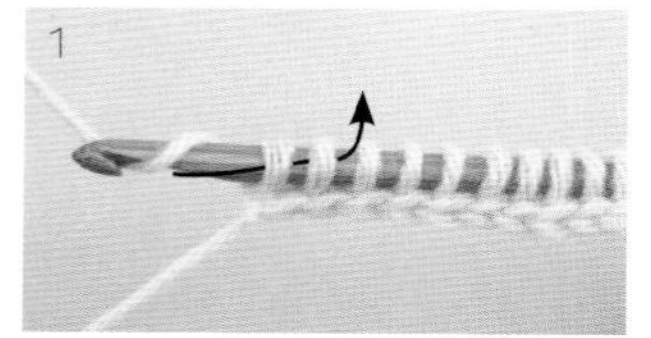

这是最初的退针。挂线，如箭头所示在 2 针里一起编织退针。

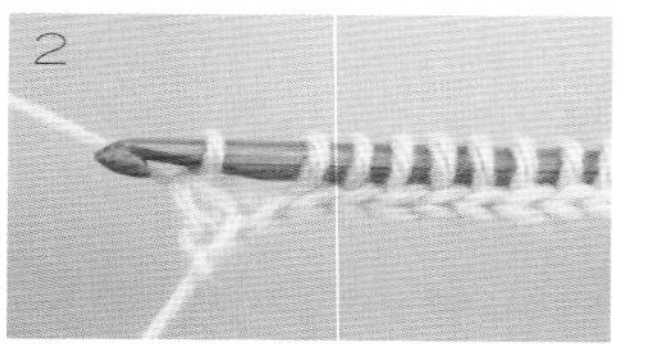

左端编织“退针的 2 针并 1 针”完成。

第 2 行　前进编织

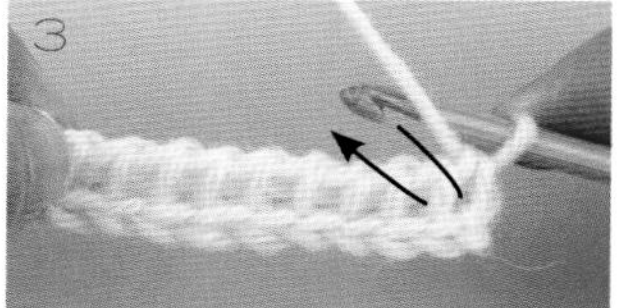

将线放在针的前面，如箭头所示将针插入第 1 行的竖针。

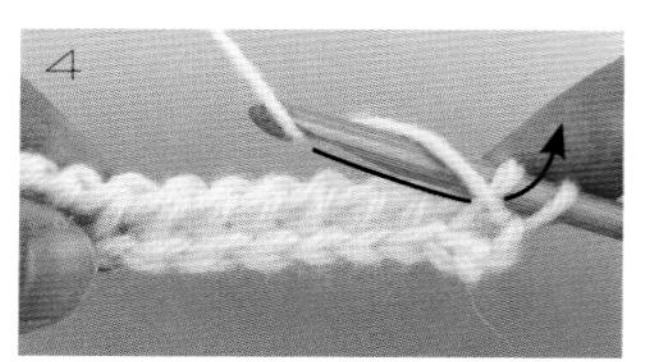

挂线，向织物的后面拉出。

1 针上针完成。

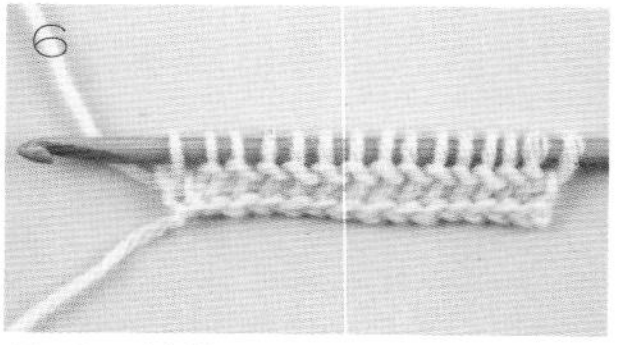

最后一针编织下针。按“基本阿富汗针编织”的相同方法编织。

第 2 行　后退编织

左端编织退针时一次性穿过 2 个线圈。挂线后如箭头所示拉出。

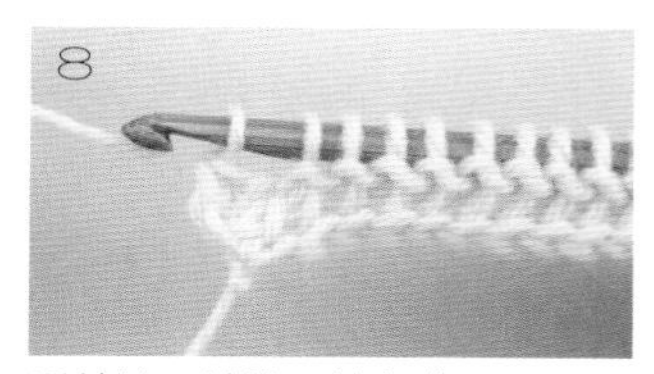

退针的 2 针并 1 针完成。

接下来一针一针地做后退编织。

引拔收针

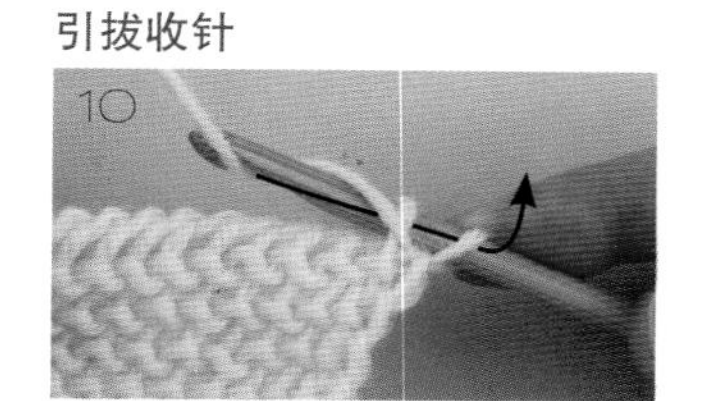

编织结束时，一边编织上针一边做引拔收针。将针插入第 2 针竖针。

挂线，如箭头所示引拔穿过针上的 2 个线圈。注意针头要向织物的后面拉出。

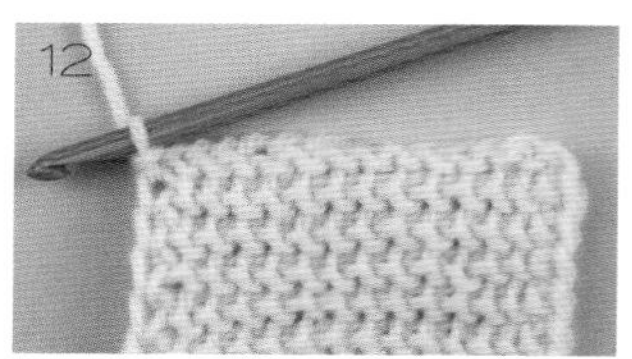

一边编织上针，一边做引拔收针。最后一针编织下针后引拔。

TUNISIAN SEED STITCH

桂花针的阿富汗针编织

交替编织下针和上针的“桂花针”在阿富汗针编织中也是很常用的花样。在前进编织时，交替重复编织下针和上针。
与“上针的阿富汗针编织”一样，最初的退针要一次性引拔穿过边上的 2 针竖针。

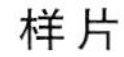

图解

一边交替编织下针和上针，一边做引拔收针

⑩

⑤

2行1个花样

①

起针

15　10　5　1

2针1个花样

第 2 行　前进编织

第 1 行编织下针。将线放在前面，如箭头所示插入针头。

针头挂线，如箭头所示拉出，编织上针。

第 3 针如箭头所示插入针头，编织下针。

这是“下针、上针、下针”完成后的状态。接着重复编织上针和下针至左端行末。

第 2 行　后退编织

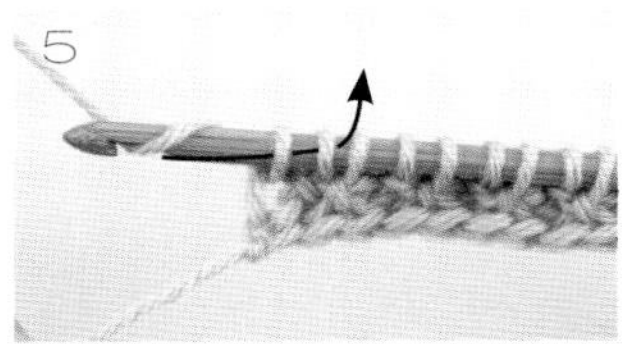

左端编织退针时一次性穿过针上的 2 个线圈。挂线后如箭头所示拉出。

退针的 2 针并 1 针完成。

第 3 行　前进编织

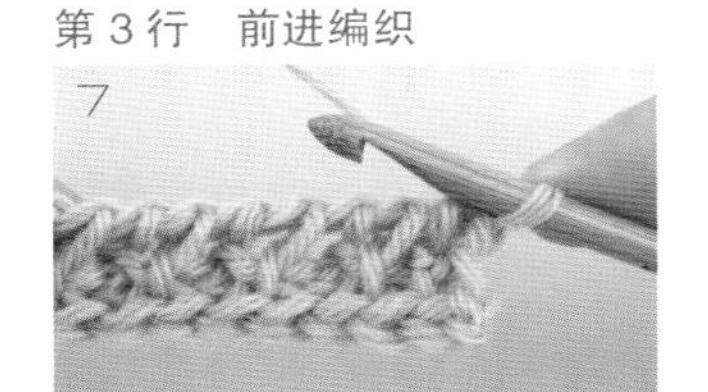

在前一行的上针里编织下针，在下针里编织上针。

这是“下针、下针、上针”完成后的状态。

引拔收针

因为第 2 针在最后一行是上针，所以编织下针的引拔收针。

按下针的编织方法插入针头，挂线后引拔穿过针上的 2 个线圈。

一边在前一行的下针里编织上针、在上针里编织下针，一边做引拔收针。

引拔收针完成后的状态。

室内鞋

S号（儿童款）/ M号（23cm）/ L号（25cm）

这款室内鞋只用到了阿富汗针编织的基础针法：下针、上针和桂花针。

将编织成长方形的织片折叠后缝合即可，结构非常简单。

在鞋头钩织纽襻，挂在鞋面的小圆扣上，还可以轻松地调整尺寸。

设计 今泉史子

使用线 和麻纳卡 Love Bonny

制作方法 p.51

Chain Petals Stitch

锁针花

虽然与钩针编织有相似之处，“锁针花”却是阿富汗针编织特别突出的技法。
长长地拉出线圈，可以编织出轻巧透气的镂空花样。
为了使针目的长短更加齐整，编织前进针目时要在竖针以及退针锁针的 1 根线（共 2 根线）里一起挑针。

样片

图解

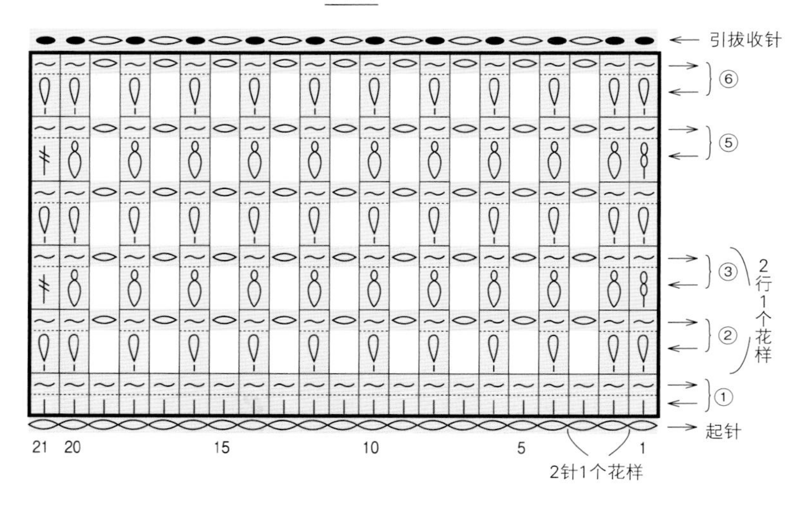

第 2 行　前进编织（竖针）

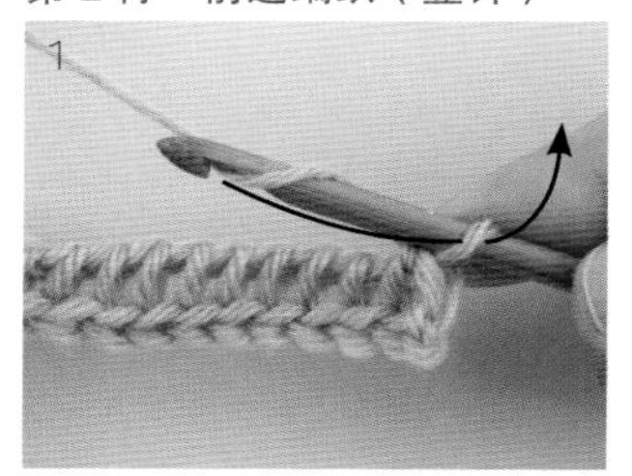

针头挂线，如箭头所示拉出。

将刚才拉出的针目拉长，这就叫作“锁针花”。从第 2 针开始，在竖针以及退针的 1 根线（共 2 根线）里插入针头，挂线后拉出。

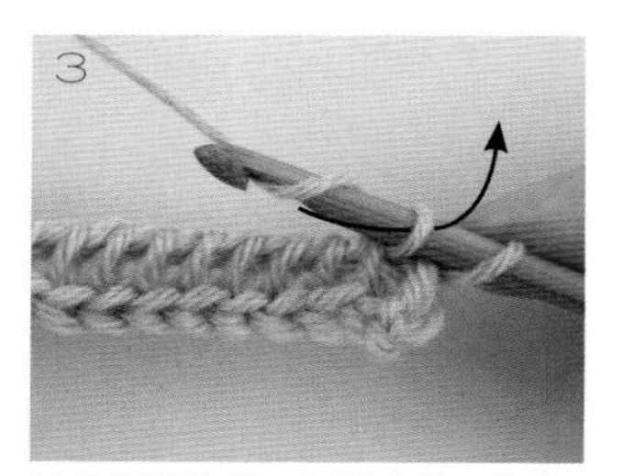

针头再次挂线，如箭头所示拉出。

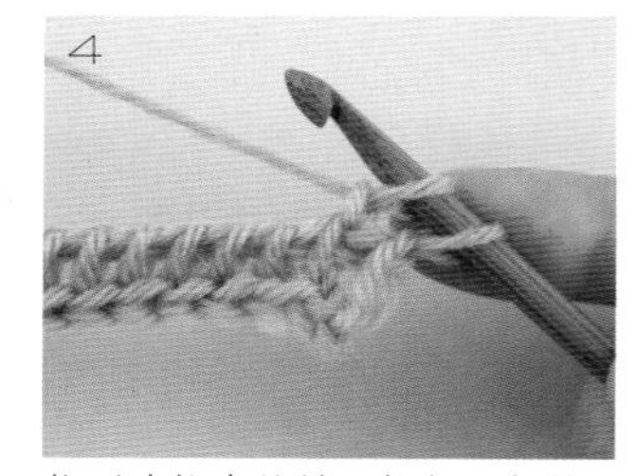

将刚才拉出的针目拉长至与第 1 针相同的长度。

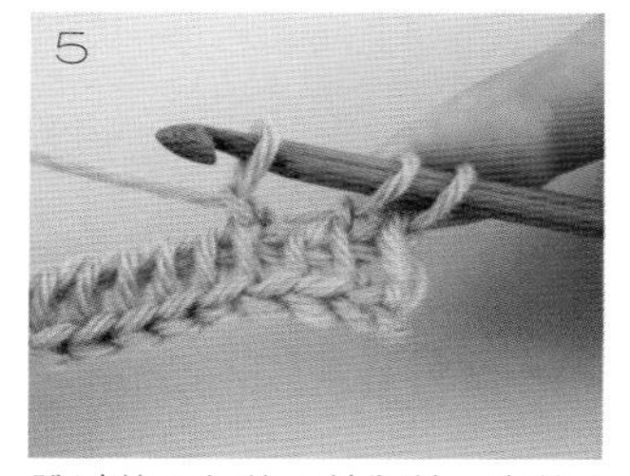

跳过第 1 行的 1 针竖针，在第 4 针里编织 1 针锁针花。

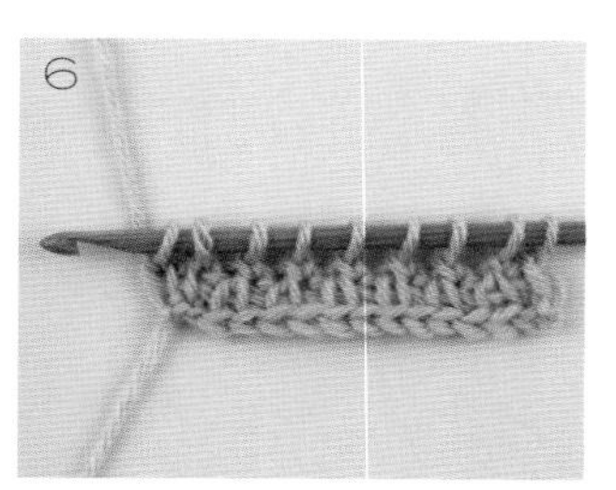

参照符号图，每隔 1 针编织 1 针锁针花。

第 2 行　后退编织

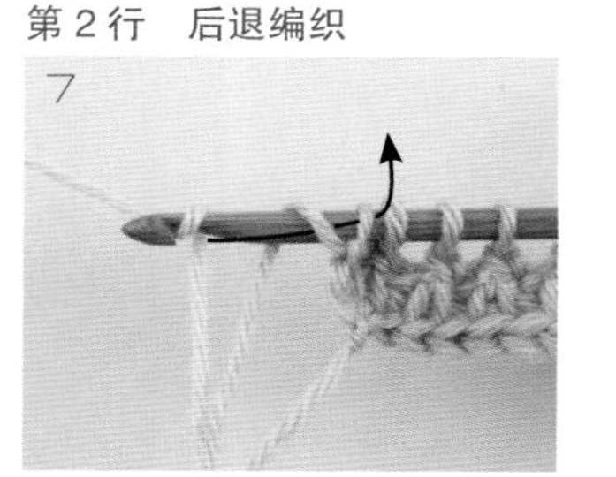

左端编织退针时换线。将刚才编织的线从前往后挂在针上，用乳黄色线编织退针。

1 针退针完成。

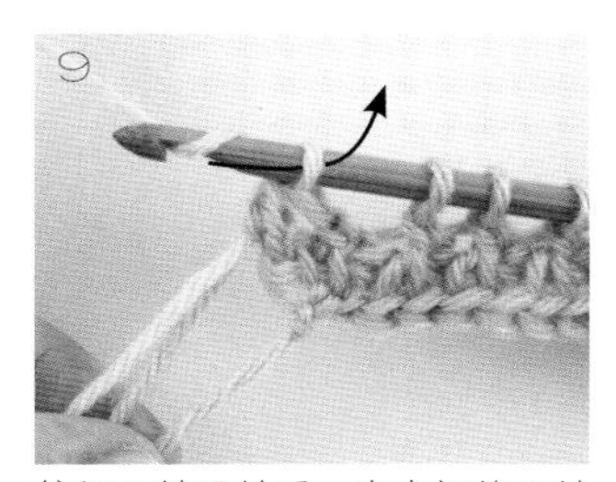

编织 2 针退针后，在中间钩 1 针锁针。针头挂线，如箭头所示拉出。

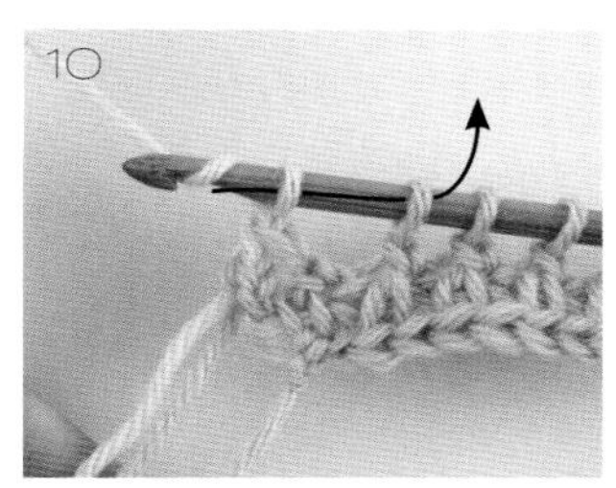

1 针锁针完成。再次挂线，如箭头所示拉出。

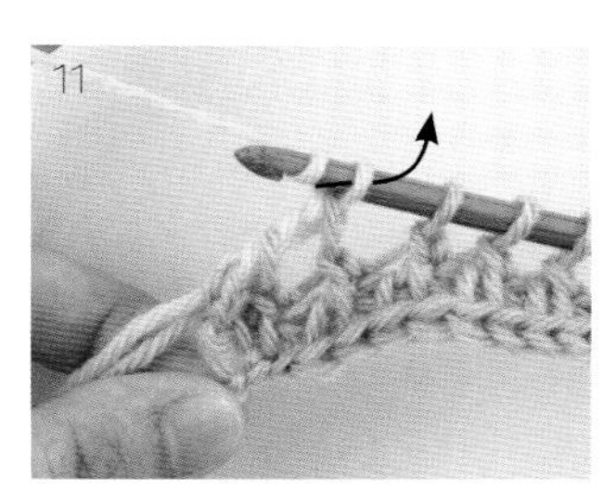

接着钩织中间的 1 针锁针。

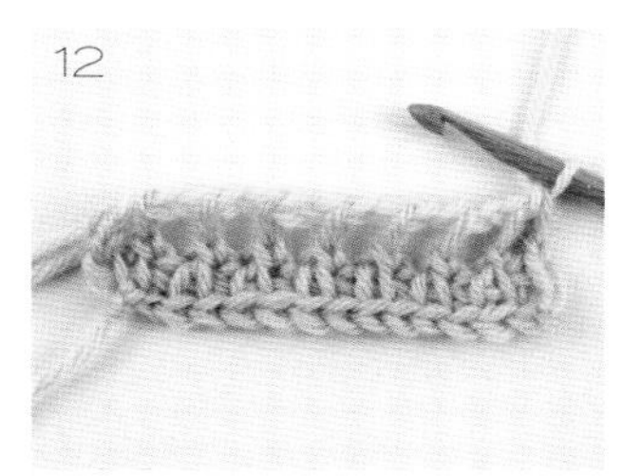

按符号图编织退针完成后的状态。

第 3 行　前进编织

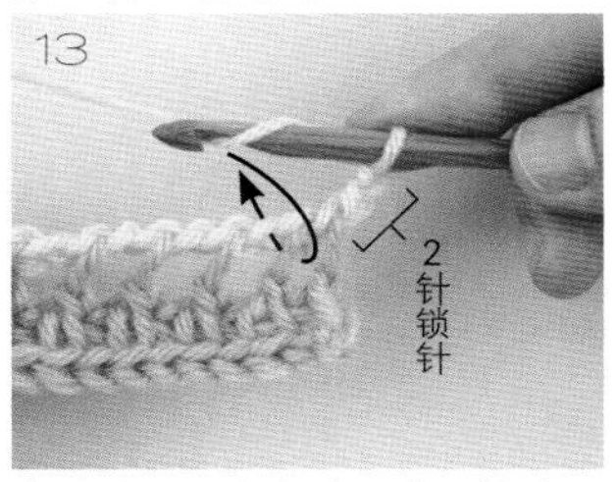

右端钩织2针锁针。针头挂线，如箭头所示在下一个竖针以及退针的1根线（共2根线）里插入针头。

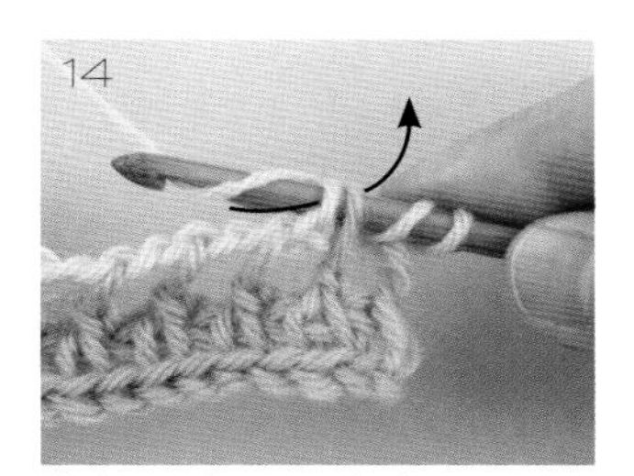

挂线后如箭头所示拉出。

这是 1 针未完成的长针。再次挂线，在同一位置插入针头。

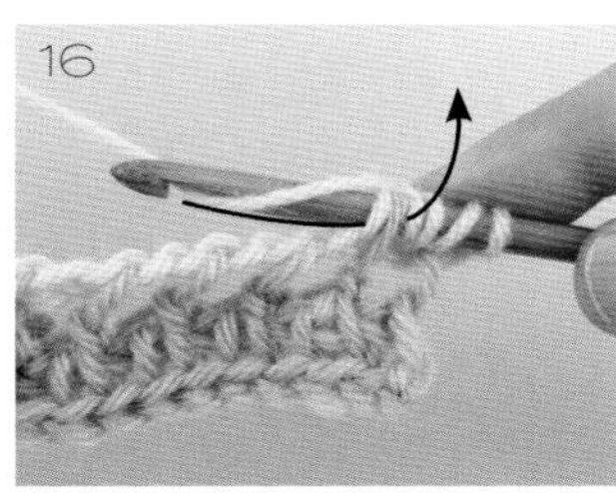

挂线后拉出。

挂线，引拔穿过针上的 4 个线圈。

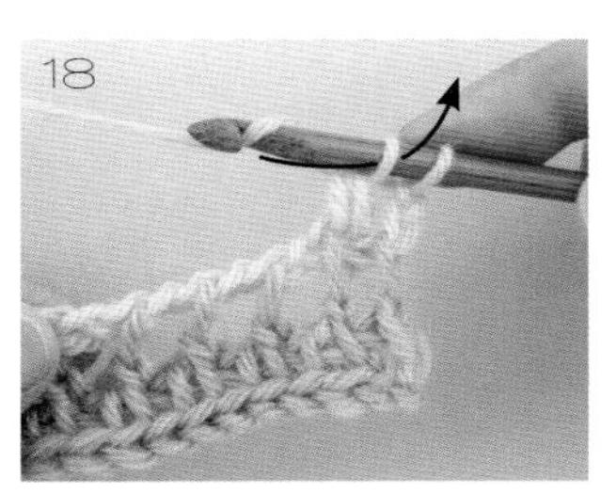

再次挂线，如箭头所示引拔。

“变化的枣形针”完成。

左端的最后一针编织长长针。在针上绕 2 圈线。

第 3 行　后退编织

在前一行左端的锁针花里编织长长针。

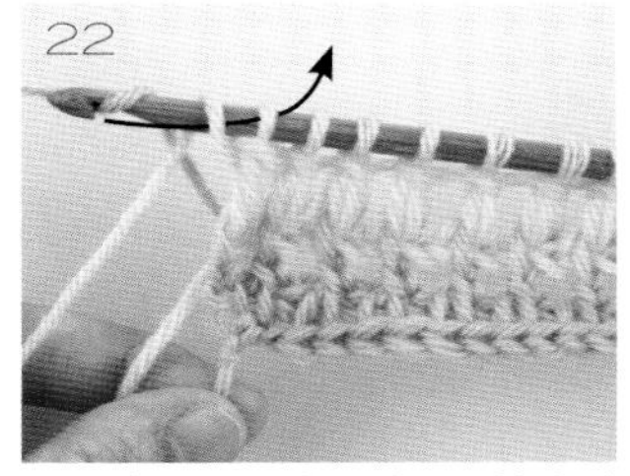

将刚才编织的线从前往后挂在针上，再将下面的线从后面拉上来。

参照符号图编织退针和锁针。

重复编织前面 2 行。

B

柔软的围脖

结构疏松的编织花样加上羊驼绒的柔软手感，

这款围脖特别轻柔、舒适。

想编织出统一高度的锁针花针目，

不妨先用等针直编的作品勤加练习。

设计　丸山良子

使用线　和麻纳卡 Sonomono Royal Alpaca

制作方法　p.56

C

水手领披肩

轻柔的马海毛披肩略显甜美，
散发着浓浓的少女气息。
披在肩上时，为了使胸前呈现漂亮的交叉状态，
将带子编织成可以穿插的双层结构。
从后面看上去，长长的披肩如同一件背心。

设计　丸山良子
使用线　和麻纳卡 Waltz、Franc
制作方法　p.54

Domino Knitting Simple Stitch

多米诺编织①

备受大家喜爱的多米诺编织！无论是用钩针还是棒针都可以编织，阿富汗针自然也不例外。
下面介绍的是基本阿富汗针编织花样的多米诺编织。
在正方形的对角线上均匀地做退针的3针并1针和5针并1针，依次连接漂亮的多米诺花片。

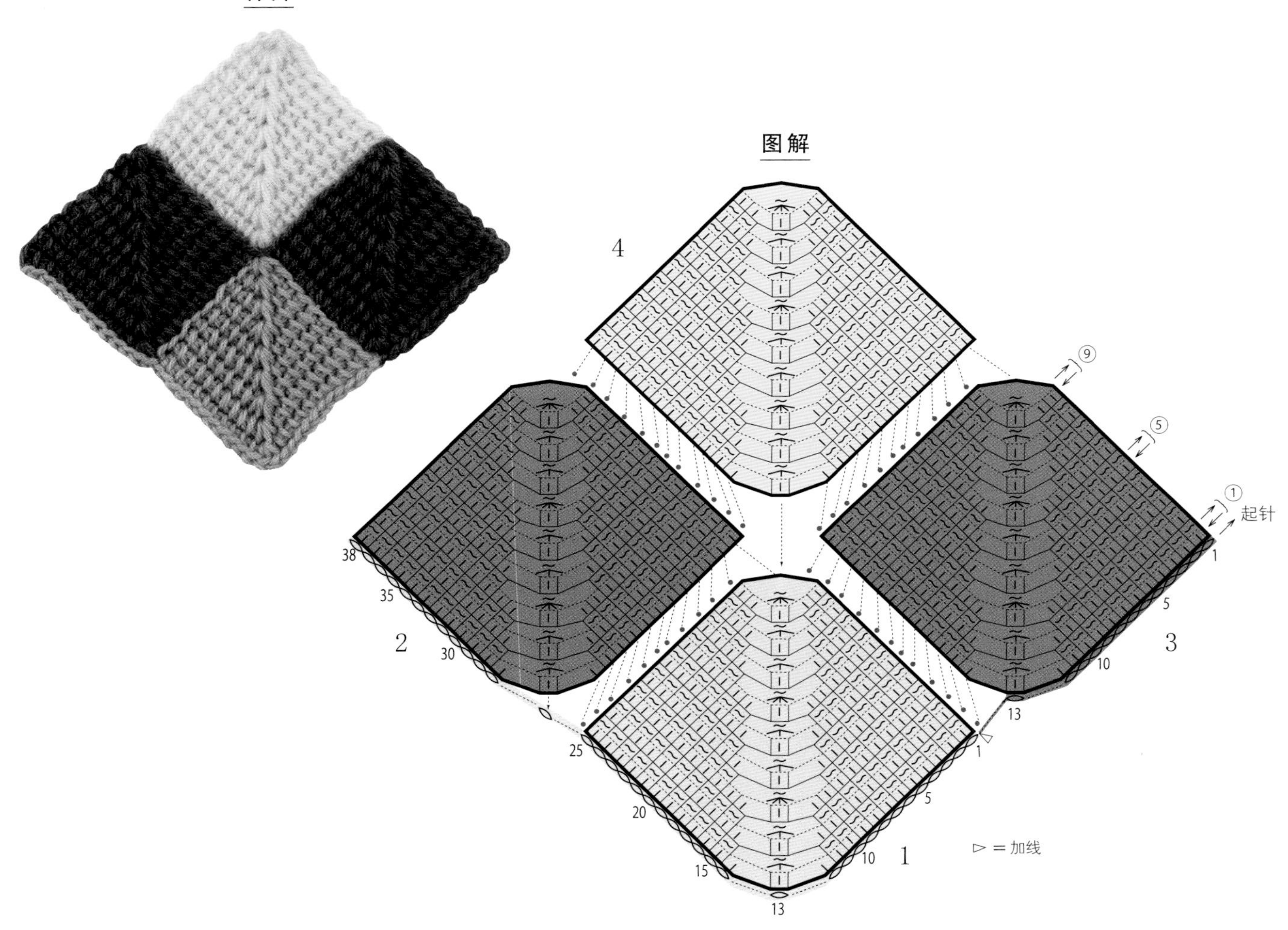

花片1　第1行　前进编织

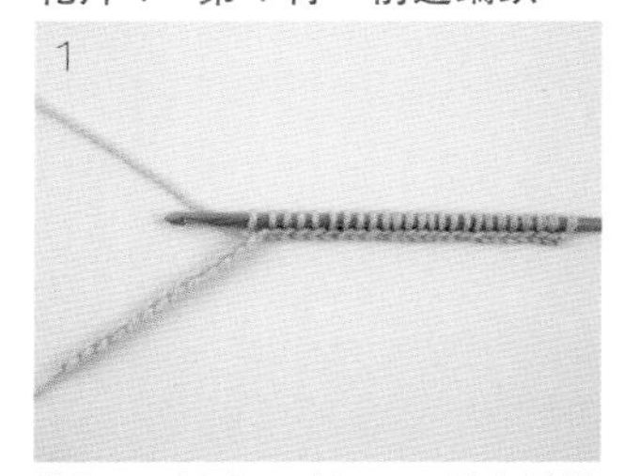

钩织38针（25针＋13针）锁针起针。第1个花片的第1行编织25针前进编织。

第1行　后退编织

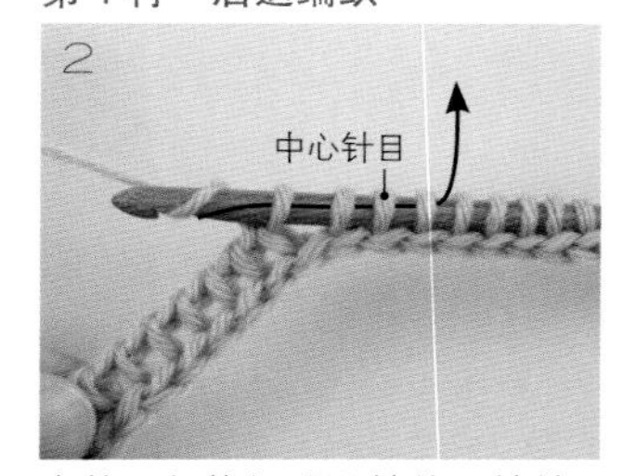

在第1行编织“退针的3针并1针”。编织至中心的3针时，针头挂线，如箭头所示一次性引拔穿过3针竖针。

在中心位置编织“退针的3针并1针”完成。

第2行　前进编织

第2行前进编织时，在第1行中心3针并作1针的竖针（3根线）里插入针头，编织下针。

第 3 行　后退编织

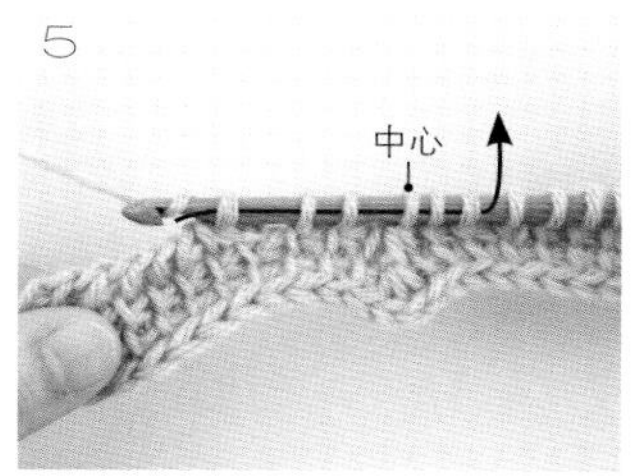

参照图解，在第 3 行编织“退针的 5 针并 1 针”。编织至中间的 5 针位置时，针头挂线，一次性引拔穿过针上的 5 针竖针。

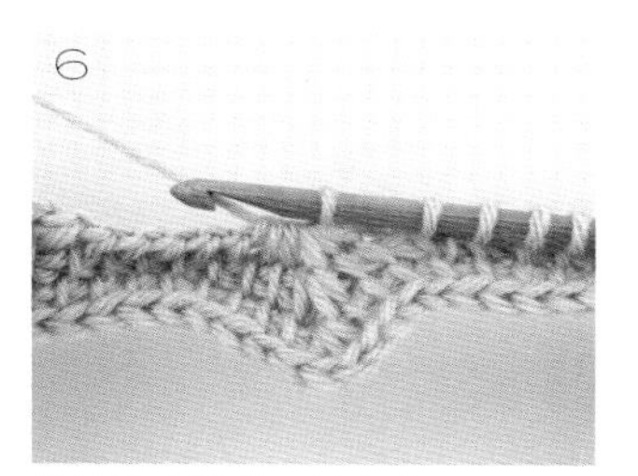

退针的 5 针并 1 针完成。

第 4 行　前进编织

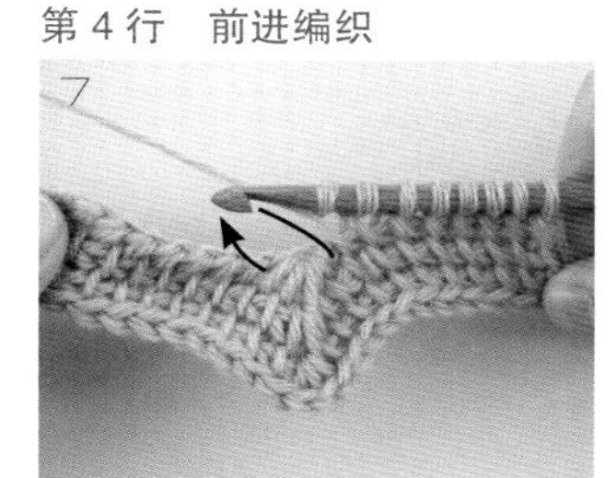

第 4 行前进编织时，在中心 5 针并作 1 针的竖针（5 根线）里插入针头，编织下针。

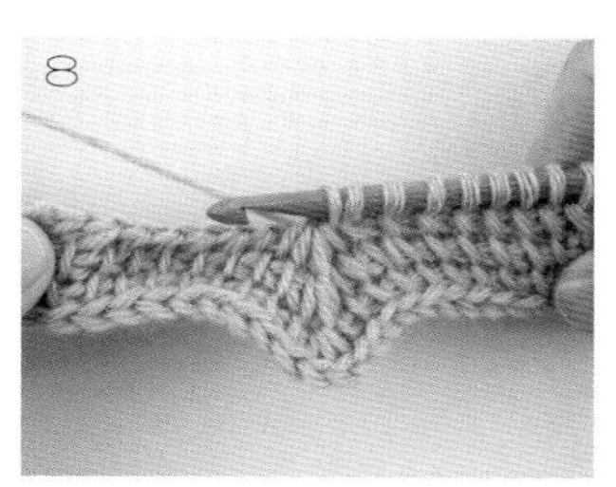

重复编织前面 3 行。

第 1 个花片完成。留在针上的针目将作为下一个花片的第 1 行的第 1 针。在编织最后一行的退针前换线。

花片 2　第 1 行

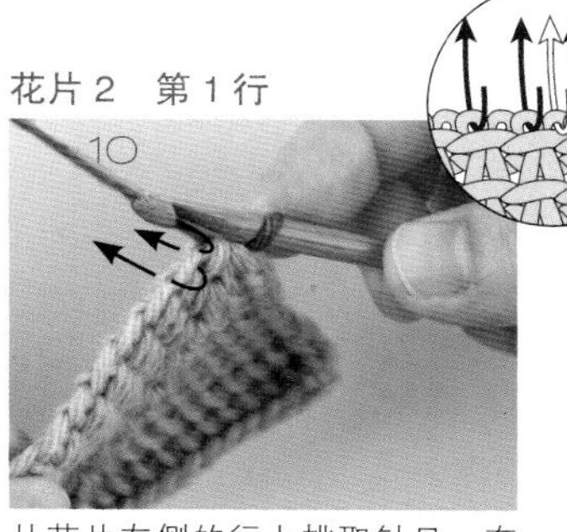

从花片左侧的行上挑取针目。在竖针外侧连接退针的下方线圈里插入针头挑针（如黑色箭头所示）。

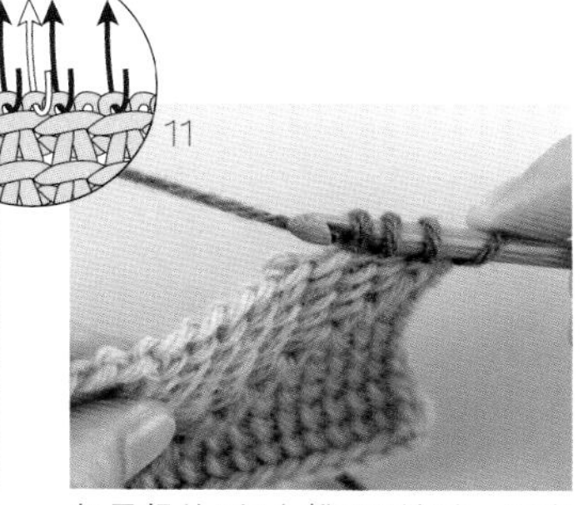

如果想从1行上挑取2针时，再在连接退针的上方线圈里挑针（如白色箭头所示）。

挑针完成。

接着从最初起针的锁针的里山挑针，第 1 行的前进针目完成。

按花片 1 的相同方法继续编织。

花片 3

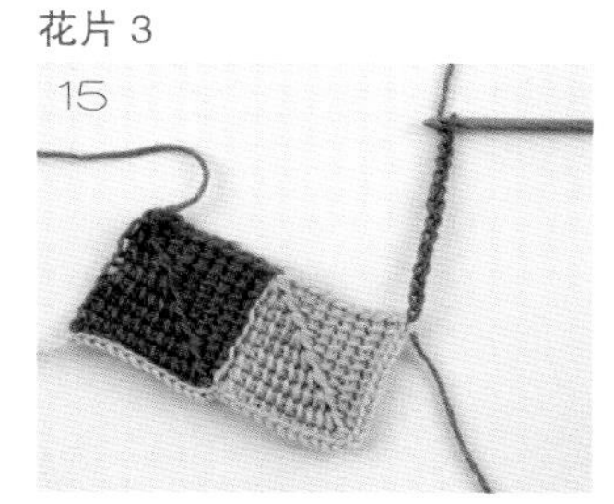

编织第 3 个花片时，先在第 1 个花片起针的边针上加线，钩织 13 针锁针，接着从里山挑针编织第 1 行的前进针目。

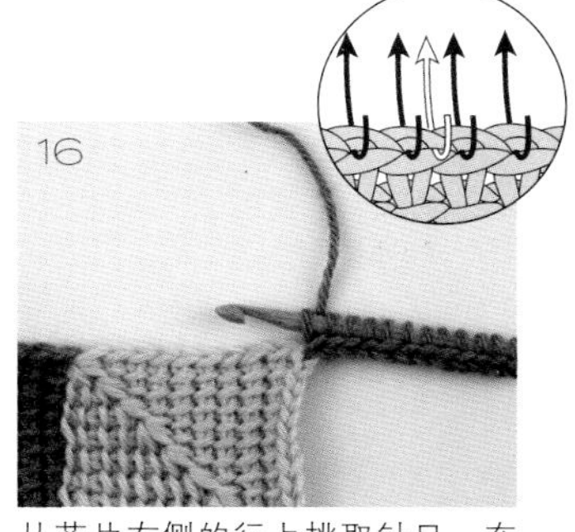

从花片右侧的行上挑取针目。在竖针和退针的1根线（共2根线）里挑针（如黑色箭头所示）。如果想从1行上挑取2针时，再次在竖针的1根线里挑针（如白色箭头所示）。

第 3 个花片的前进针目挑针完成。按相同的方法继续编织花片。

在编织花片 3 最后一行的退针前换线，依次从第 3 个花片和第 2 个花片上挑取针目，编织第 4 个花片。

花片 4

中心的针目是在花片 1 最后一行的后面针目里挑针。

按相同的方法完成第 4 个花片。

D

长围脖

既可以简单地垂下来，也可以绕成 2 圈，
长长的围脖可以尝试不同的佩戴方法。
这款作品使用了非常有趣的段染毛线，
只用 1 根线编织，就能呈现配色编织的效果。

设计　丸山良子
使用线　芭贝 Husky
制作方法　p.57

E

贝雷帽

贝雷帽的顶部呈方盒形结构，
运用了基本阿富汗针编织花样的多米诺编织。
帽口使用钩针钩织长针的拉针，呈现罗纹收边的效果。
最后加上白色小绒球的点缀，更是增添了可爱气息。

设计　丸山良子
使用线　芭贝 British Fine
制作方法　p.58

WAVE STITCH

波浪形花样

宛如涌起又退下的波浪，平缓的曲线令人心情舒畅。
以基本阿富汗针编织为基础，有规律地加入滑针和长针，调整针目的长度就可以编织出波浪形花样。
不妨改变一下针数，或者尝试各种配色和线材，感受不同的视觉效果。

样片

图解

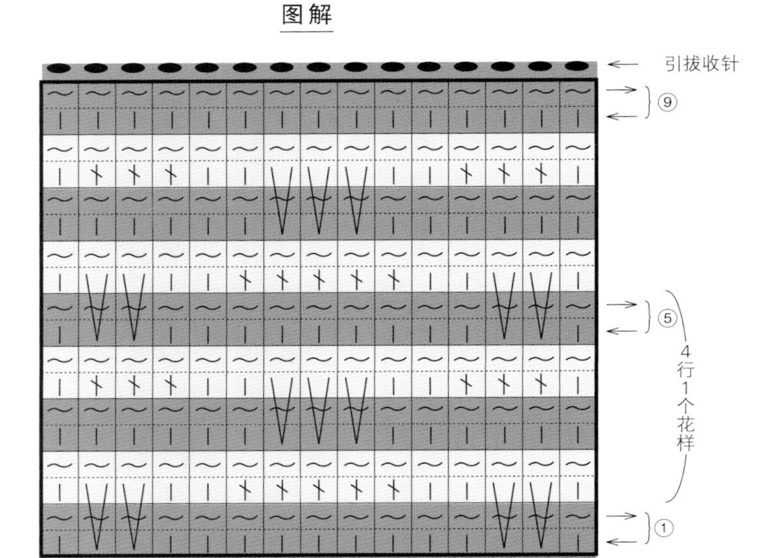

12针1个花样

滑针

1 第 2 针和第 3 针都是滑针。挑起前一行的竖针不编织，直接移至右边的针上。

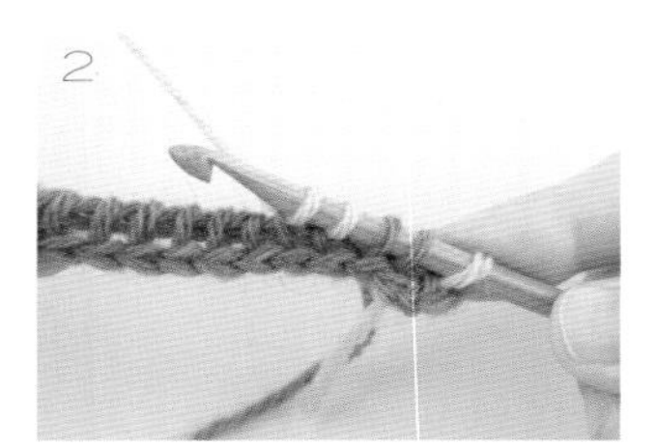

2 后面 2 针做基本阿富汗针编织。

长针

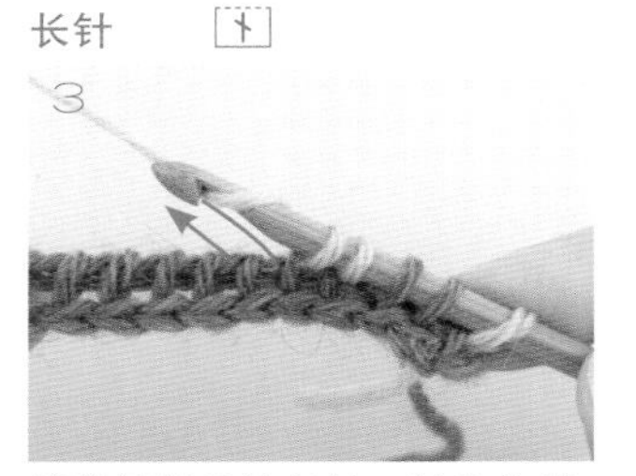

3 接着编织 5 针长针。针头挂线，在下一个竖针里插入针头。

4 挂线后如箭头所示拉出。

5 挂线，如箭头所示引拔穿过针头上的 2 个线圈。

6 1 针长针完成。

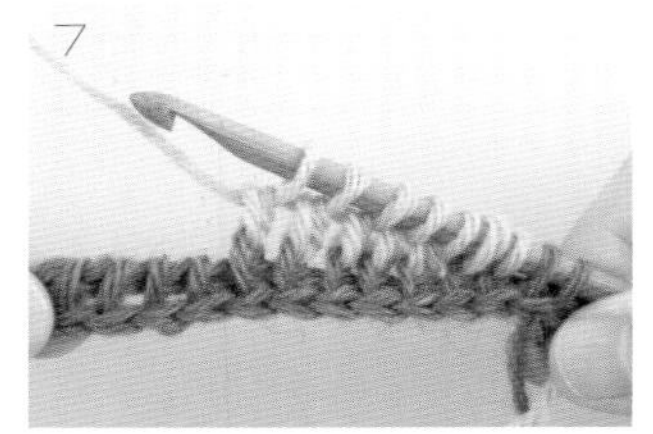

7 一共编织 5 针长针。

8 第 2 行的前进编织完成后的状态。退针与“基本阿富汗针编织”的方法相同。

SHELL STITCH

贝壳针

这是钩针编织的“松叶针”和“贝壳针”用阿富汗针编织的效果，花样显得更饱满、质地更厚实。
前进时编织平针和长针，后退时与“基本阿富汗针编织”的要领相同。
这种编织技法融合了棒针和钩针的优点。

样片

图解

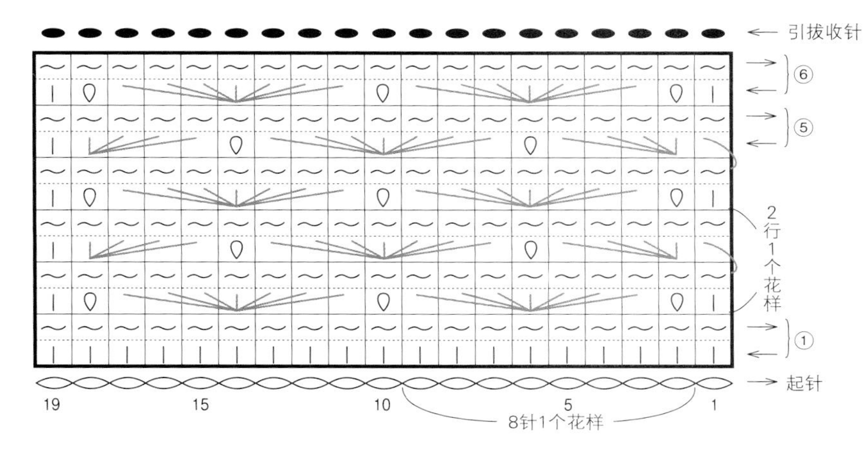

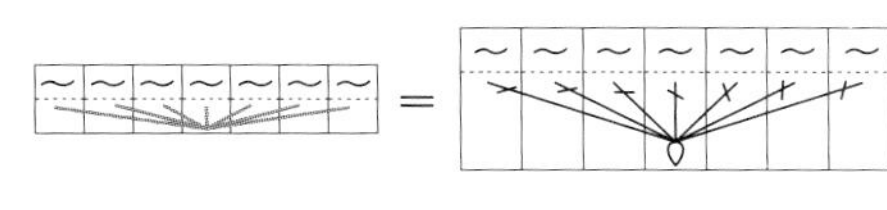

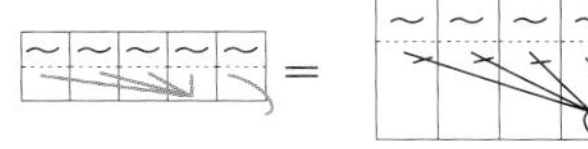

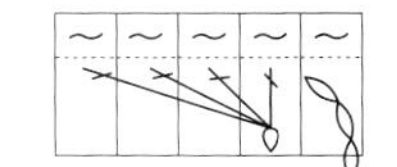

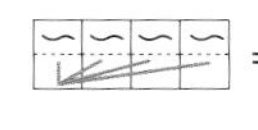

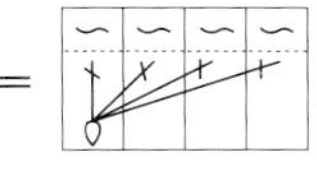

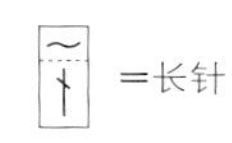

平针 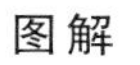

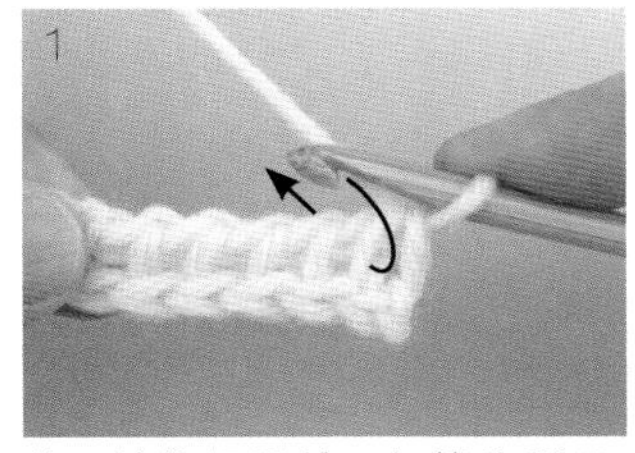

第 2 针编织平针。如箭头所示，从退针的下方将针头插入竖针的中间。

挂线后拉出。

贝壳针

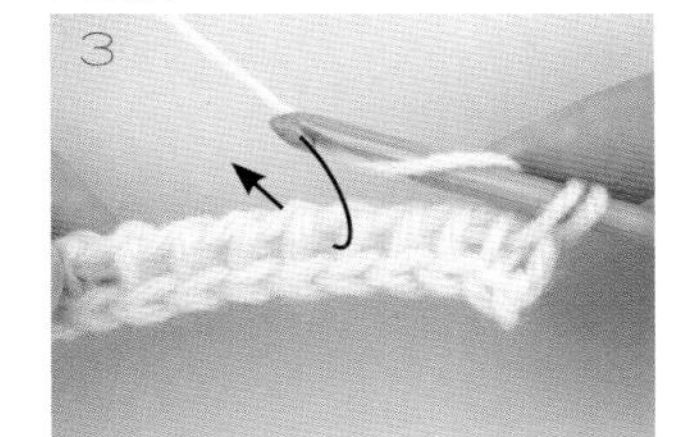

针头挂线，跳过前一行的 3 针竖针，按平针的编织要领将针头插入第 4 针竖针，挂线后拉出。

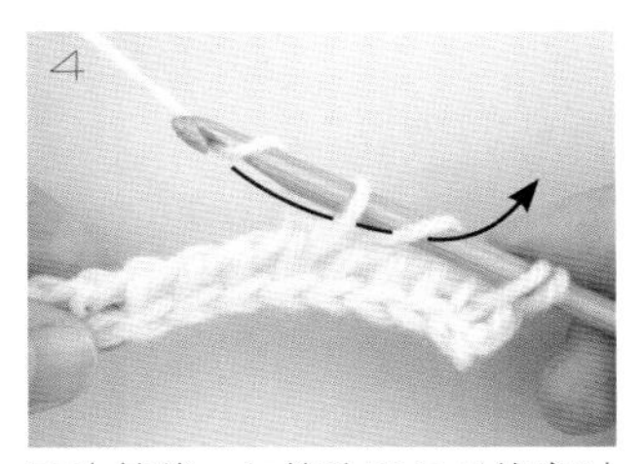

再次挂线，如箭头所示引拔穿过 2 个线圈。

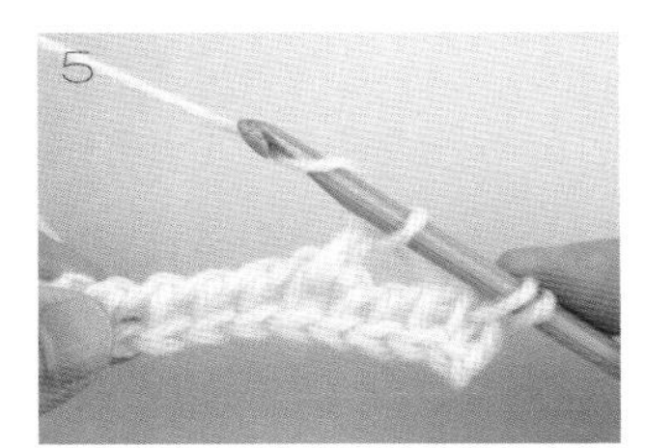

1 针长针完成。

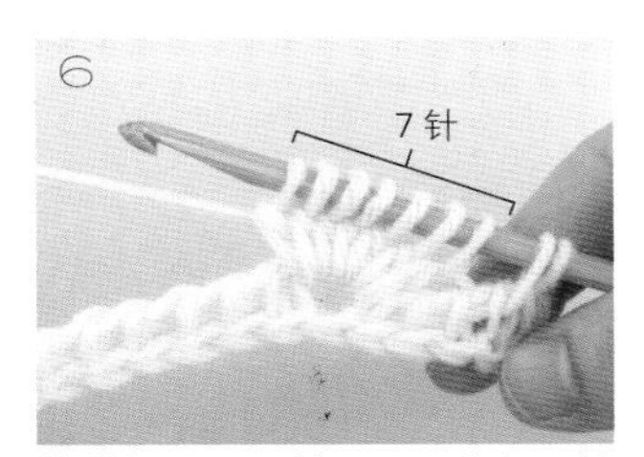

将针插入同一针目，再编织 6 针长针。

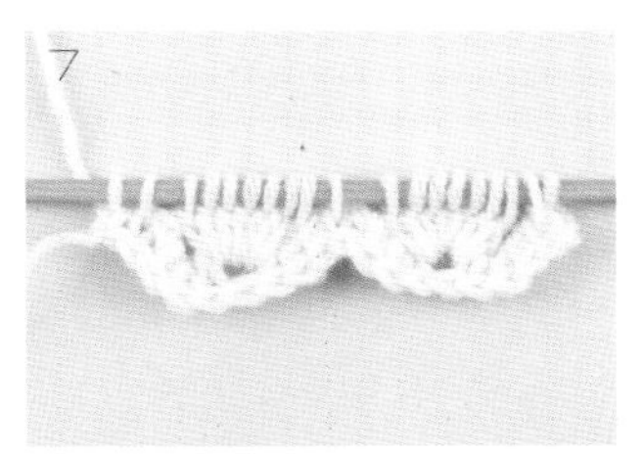

第 2 行的前进编织完成。

后退时与“基本阿富汗针编织”的方法相同。

F

披肩式上衣

随意搭配便能穿出浪漫的感觉。
使用了 2 种材质柔软的松捻线材，
渐变色调的波浪仿佛花圃一般绚烂，
嫩绿色的线条起到了镶边的装饰效果。

设计　林 琴美
使用线　和麻纳卡 Dina、Airyna
制作方法　p.60

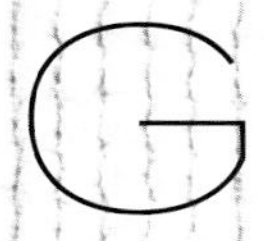

三色托特包

使用 3 种颜色的线材，每行换色编织波浪形花样，
最后呈现的图案极具现代风格，给人深邃的感觉。
为了搭配紧致、厚实的包身，
提手使用了天鹅绒缎带，增添了高级质感。

设计　林 琴美
使用线　和麻纳卡 Amerry
制作方法　p.67

H

贝壳针三角形披肩

利用贝壳针的扇形逐渐放大编织成大三角形，
这款自然色调的大号披肩非常衬托肤色。
马海毛线松软轻柔，不易起皱，
随身携带也非常方便。
作为礼物送人也是不错的选择。

设计　古谷美智子
制作　志田照美
使用线　和麻纳卡 Sonomono Hairy
制作方法　p.62

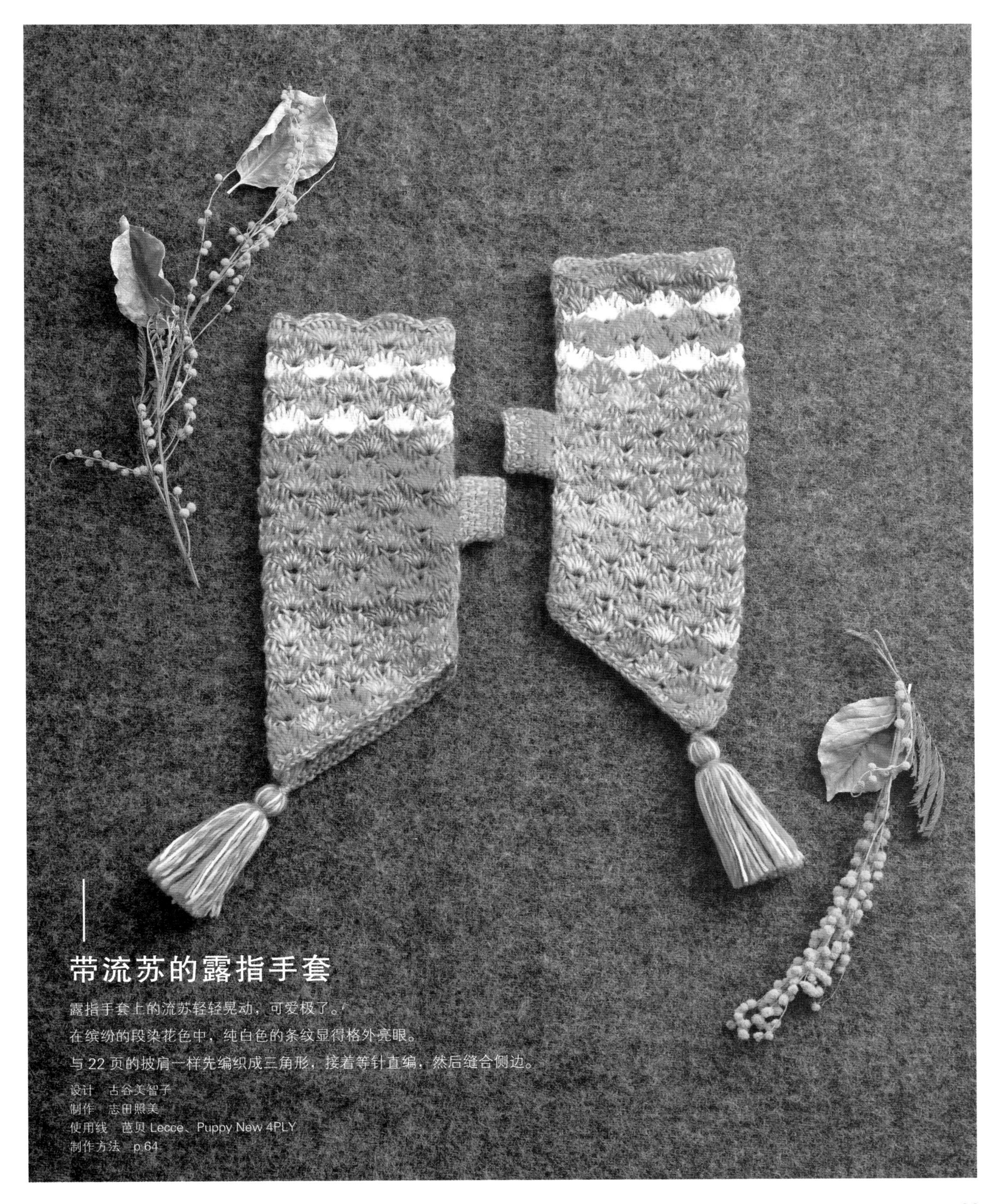

带流苏的露指手套

露指手套上的流苏轻轻晃动，可爱极了。
在缤纷的段染花色中，纯白色的条纹显得格外亮眼。
与22页的披肩一样先编织成三角形，接着等针直编，然后缝合侧边。

设计　古谷美智子
制作　志田照美
使用线　芭贝 Lecce、Puppy New 4PLY
制作方法　p.64

TUNISIAN CROCHET MOTIF

孔斯特阿富汗针编织

此处使用“双头阿富汗针”和 2 根线（双色）编织。
与棒针的孔斯特蕾丝编织一样，起针后使用阿富汗针两头的钩子一圈圈地编织出正方形花片。
下面的花样由“基本阿富汗针编织”和“反针”两种针法组成。

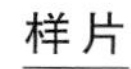

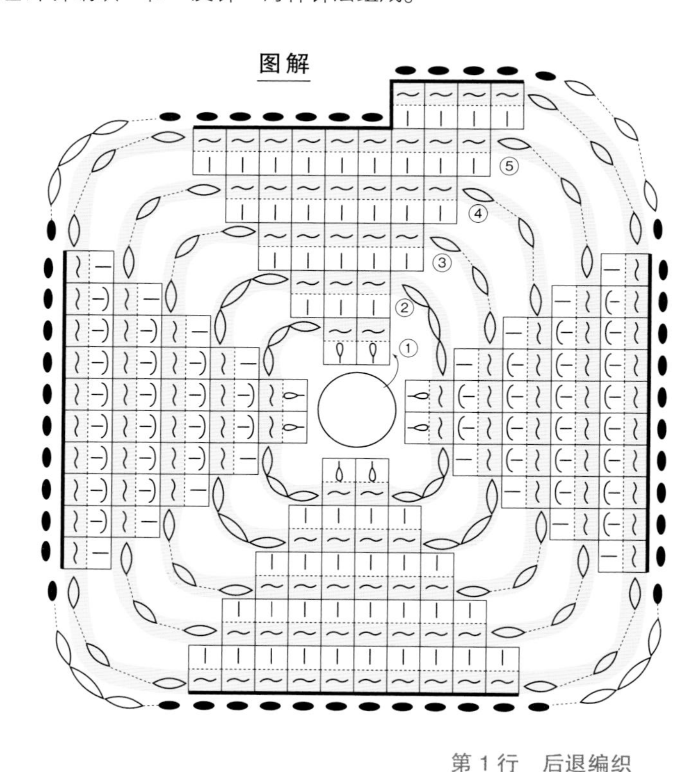

第 1 行　孔斯特起针

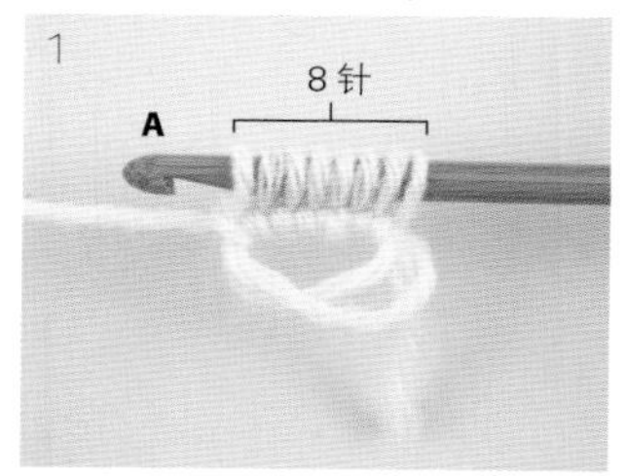

用针头 A 环形起针，在线环里编织 8 针的锁针花。

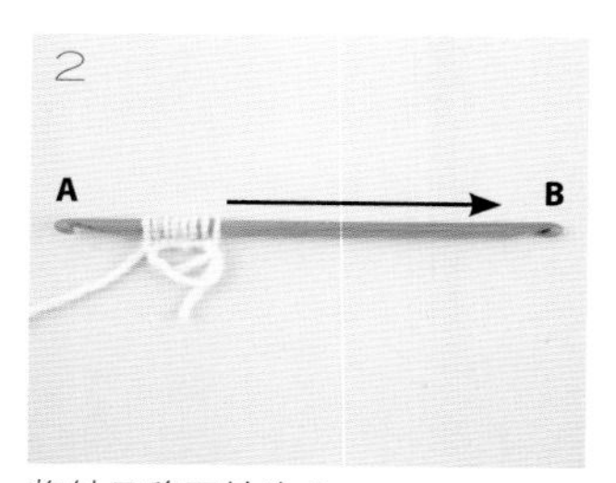

将针目移至针头 B。

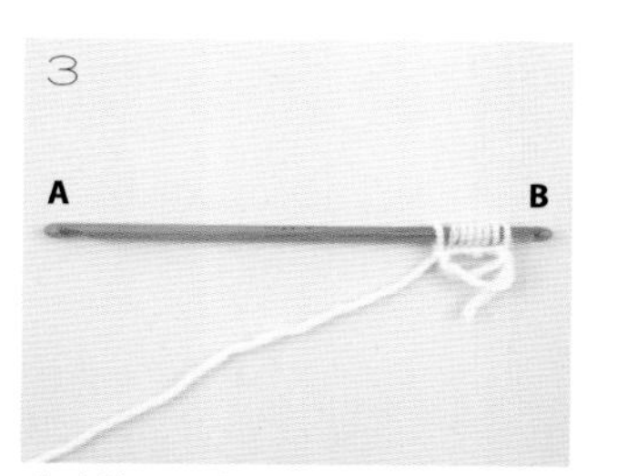

移动针目后将织物翻面。

第 1 行　后退编织

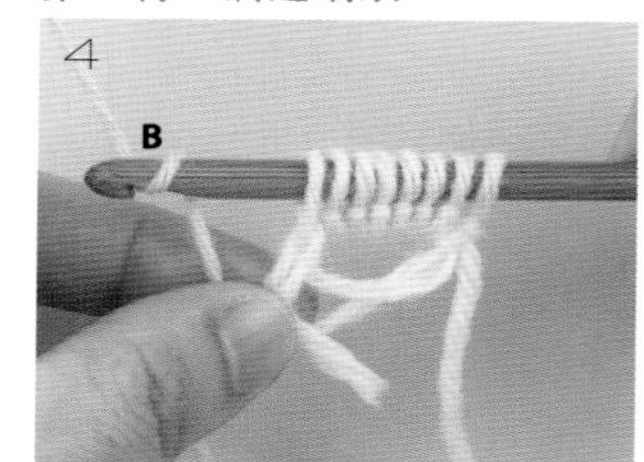

加入另外一根线用针头 B 做后退编织。

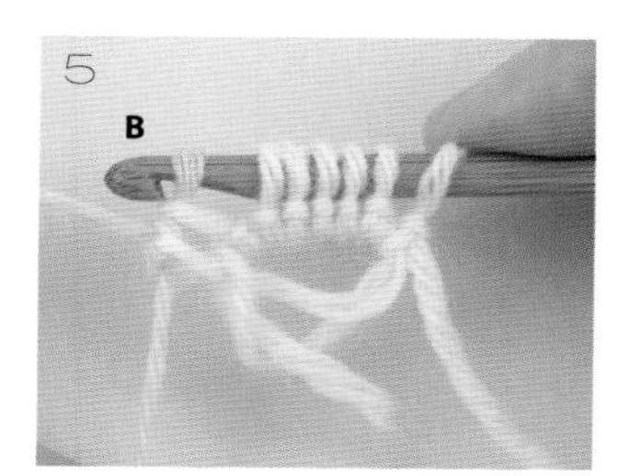

编织 2 针退针。

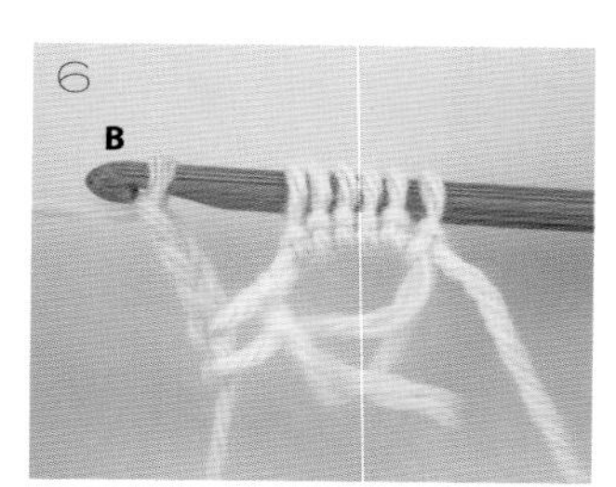

转角处钩织 3 针锁针。

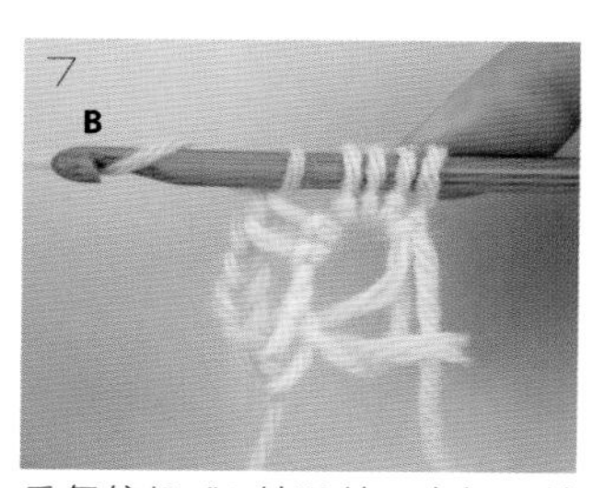

重复编织“2 针退针、中间 3 针锁针”，编织至针上剩 2 针竖针。

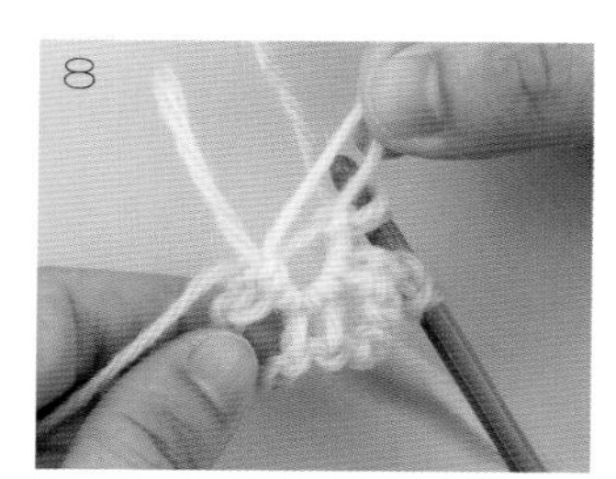

翻回正面，拉紧中心的线环。

第 2 行

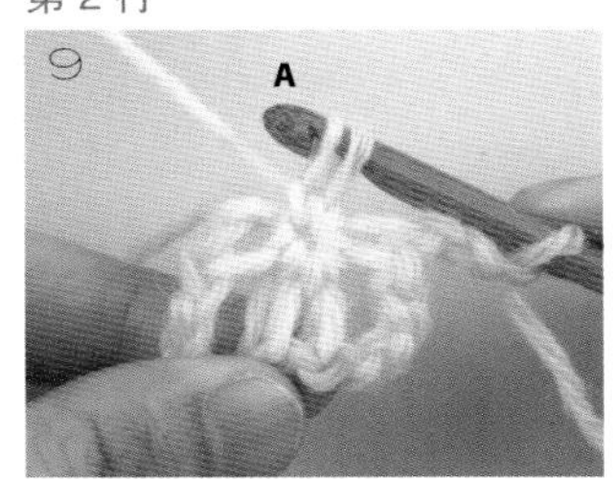

收紧中心后，做第 2 圈的前进编织。

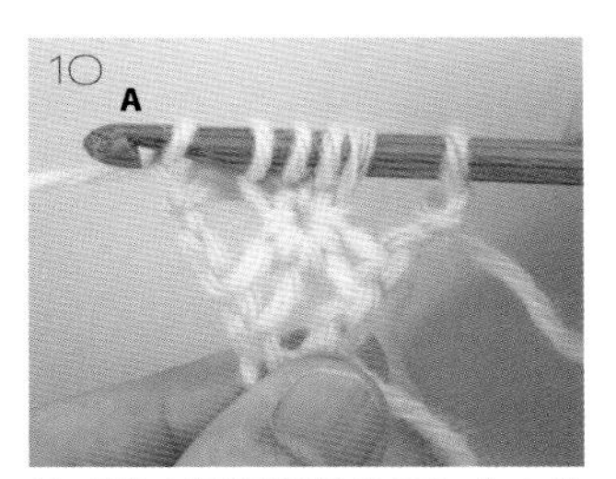

按“基本阿富汗针编织”的方法编织 2 针，然后在转角的第 1 针锁针的里山挑针编织 1 针。

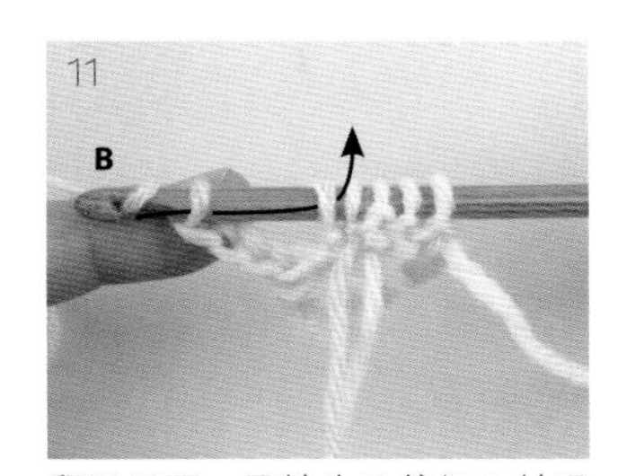

翻至反面，用针头 B 编织 2 针退针和中间的 3 针锁针。

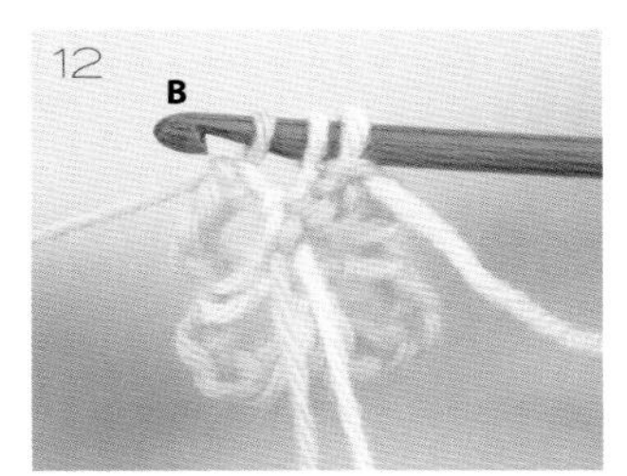

再编织 1 针第 2 圈的退针。编织退针至针上剩 2 针竖针的状态后，翻回正面。

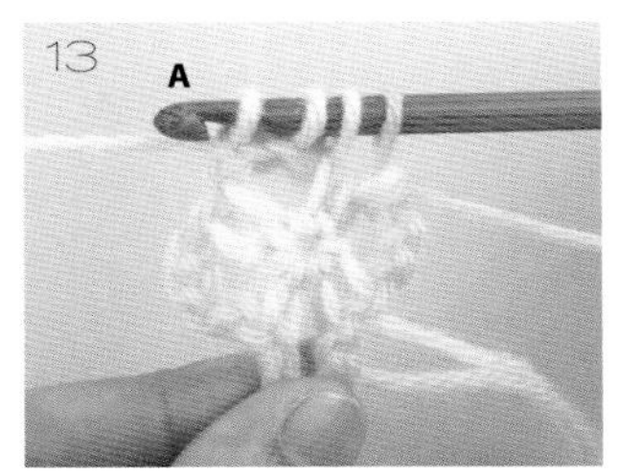

跳过中间的 1 针锁针，在下一个锁针的里山挑针编织 1 针竖针。

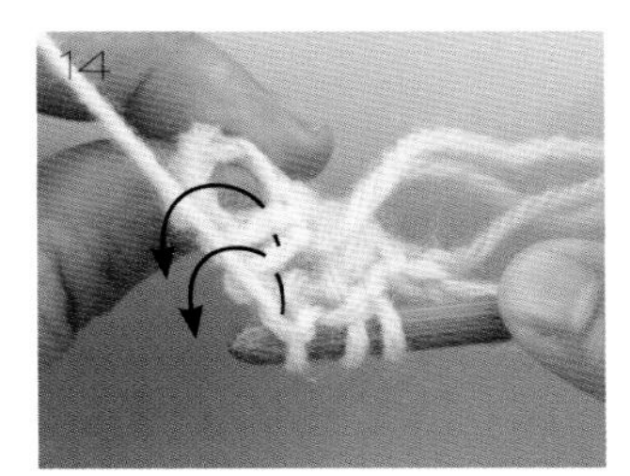

接下来的 2 针编织反针。如箭头所示插入针头。

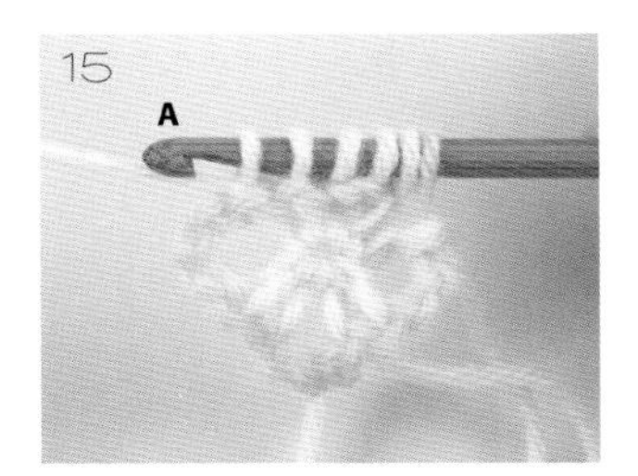

依次编织下针。退针出现在了织物的前面。再从下一个锁针的里山挑针编织 1 针。

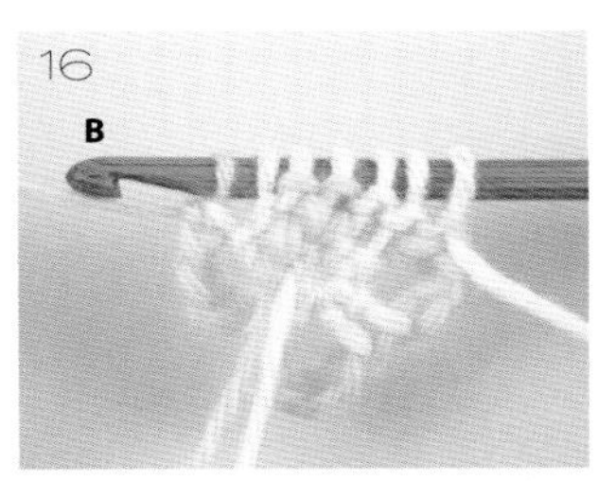

翻至反面，用针头 B 编织退针。

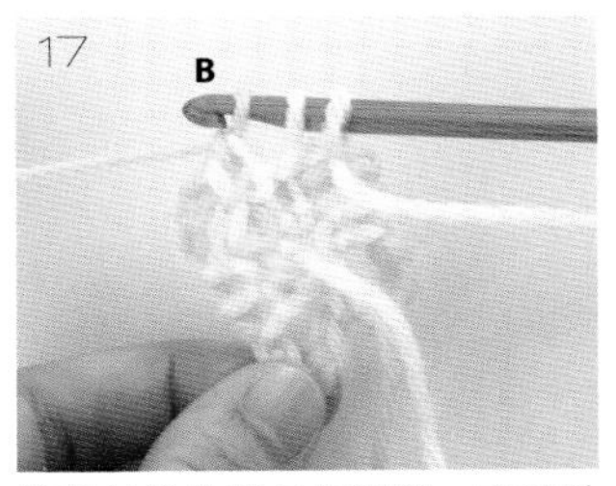

编织转角的锁针和退针，直到针上剩 2 针竖针。

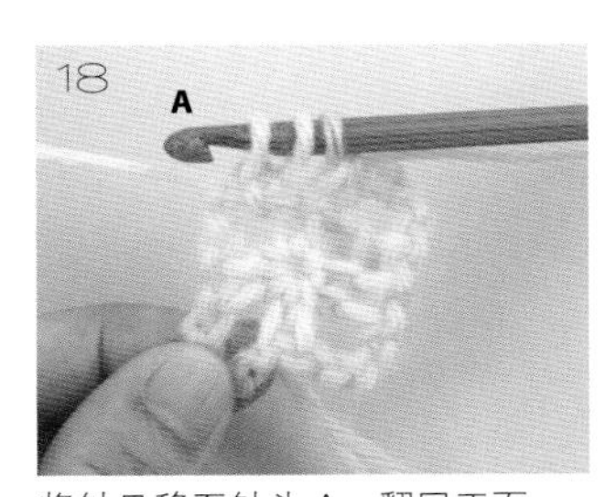

将针目移至针头 A，翻回正面。

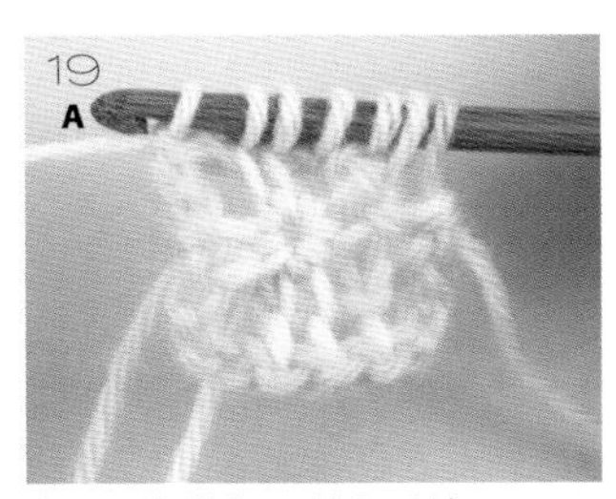

参照图解编织下针和反针。

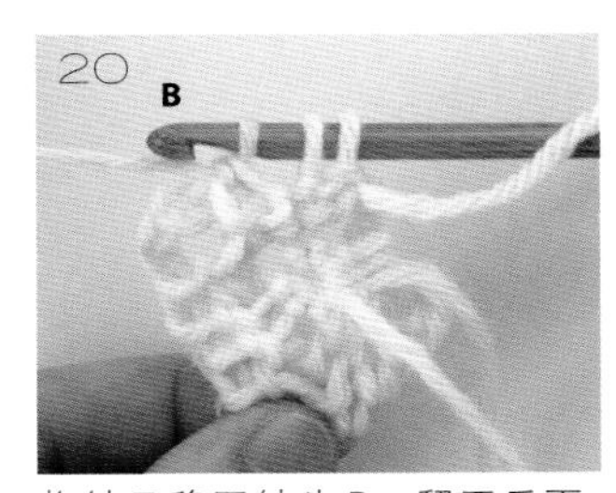

将针目移至针头 B，翻至反面，编织退针至针上剩 2 针竖针。

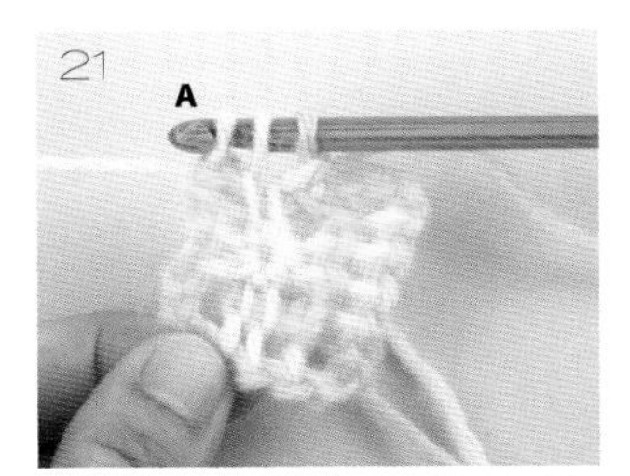

再将针目移至针头 A，翻回正面。

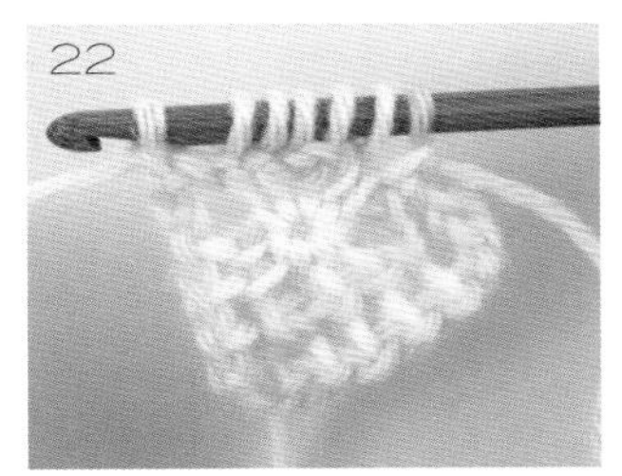

先从每条边上挑针编织。第 2 圈的前进编织完成。

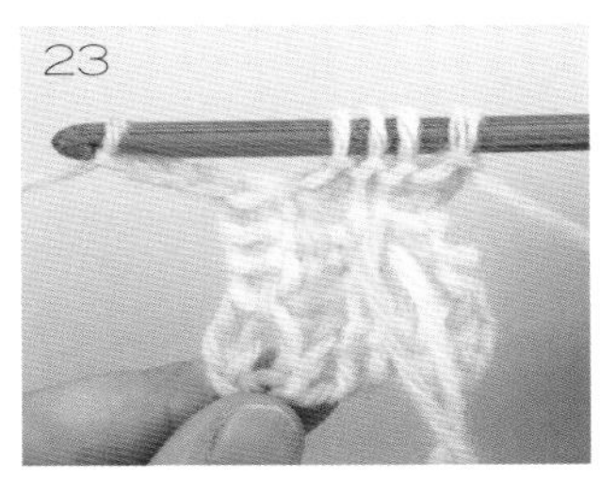

编织退针时要注意转角的锁针位置。

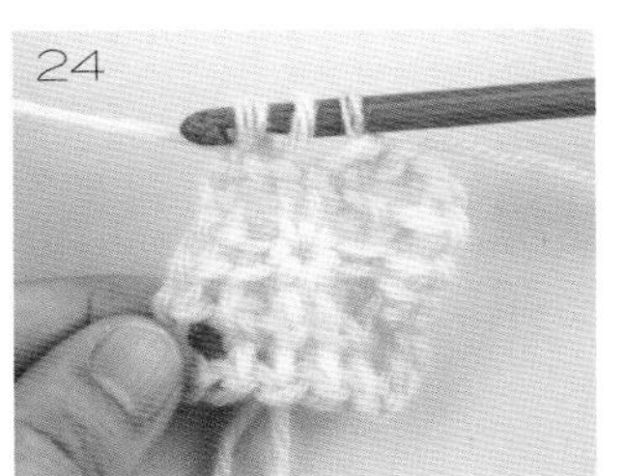

第 2 圈的退针也编织完成了。如果在这一圈结束，就编织退针到底，然后引拔，将线剪断。

J

拼布风围巾

五颜六色的围巾仿佛装饰彩带一般，
充满了童趣！
运用孔斯特阿富汗针编织的技巧，
编织大小不同和颜色各异的花片，
再用卷针缝错落有致地拼接起来。

设计 古谷美智子
使用线 芭贝 Queen Anny
制作方法 p.66

K
拼接式单肩包

这款包包由 4 个大花片拼接而成。
深紫色和浅紫色的高贵配色，以及花样的明暗对比，令此包魅力十足。
作为着装搭配的一大亮点，
大小适中，怎么背都很方便。

设计　古谷美智子
使用线　芭贝 British Eroika
制作方法　p.68

CUBE STITCH

立方体花样

运用引返编织技巧打造出凹凸有致的纹理。花样编织图解看似复杂，其实操作起来很有规律，而且简单易懂。阿富汗针编织中，针目在“前进”和“后退”编织1行后会从针上取下，所以编织至中途的针目暂时休针也没关系，可以继续编织其他针目。

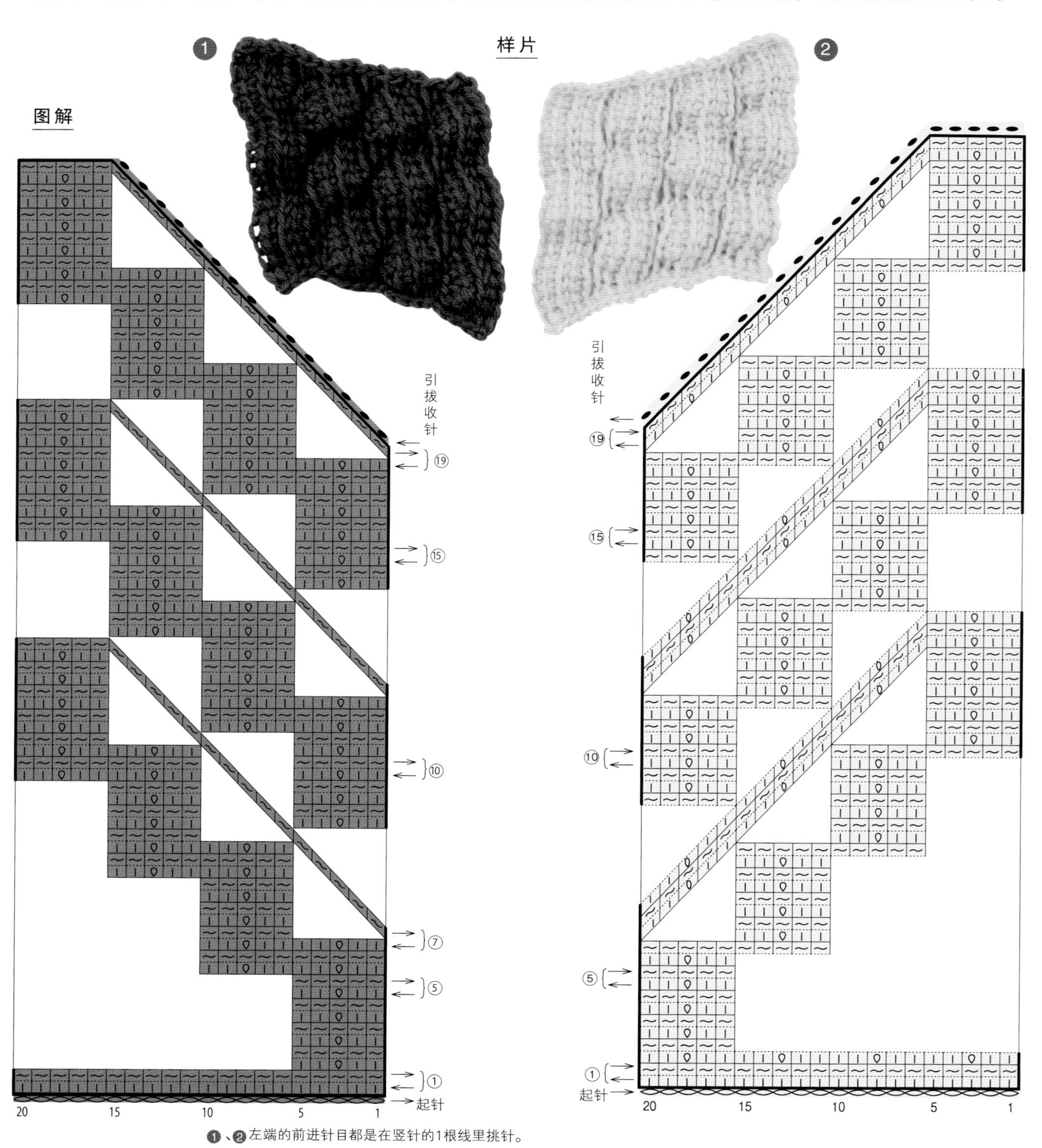

❶、❷左端的前进针目都是在竖针的1根线里挑针。

❶

只有右端的 5 针先编织 5 行，然后编织第 6 行的前进针目。

如箭头所示在第 1 行的第 6 针竖针里插入针头。

挂线后拉出。

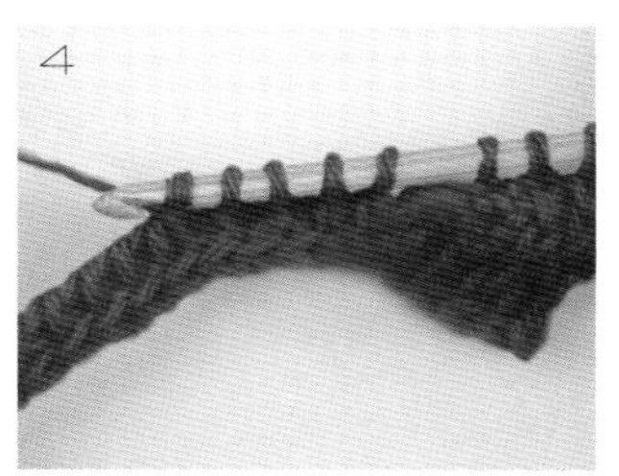

继续编织第 2 个方块的 5 针。

编织退针至右端。

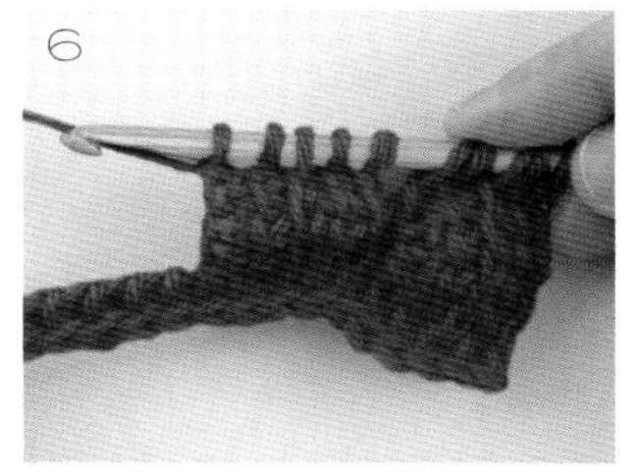

前进时编织 10 针，从退针开始只编织第 2 个方块的 5 针。

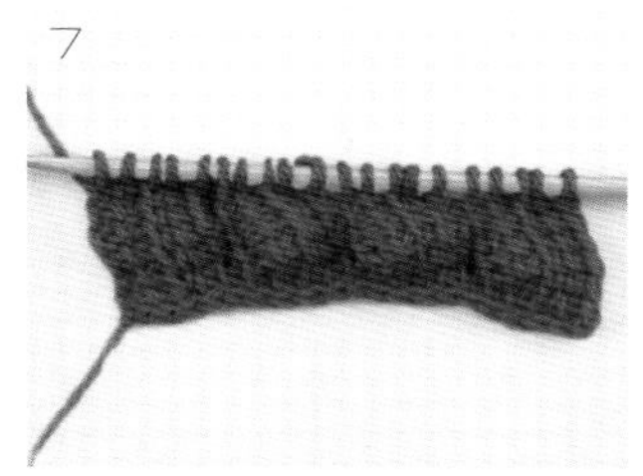

参照图解继续编织至第 4 个方块。

第 7 行编织退针至第 1 个方块的右端。

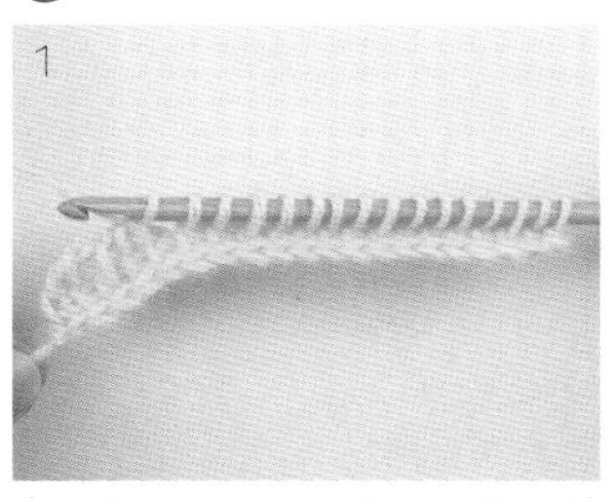

参照图示，第 2 行编织全部的前进针目，然后只在左端的 5 针里编织退针。

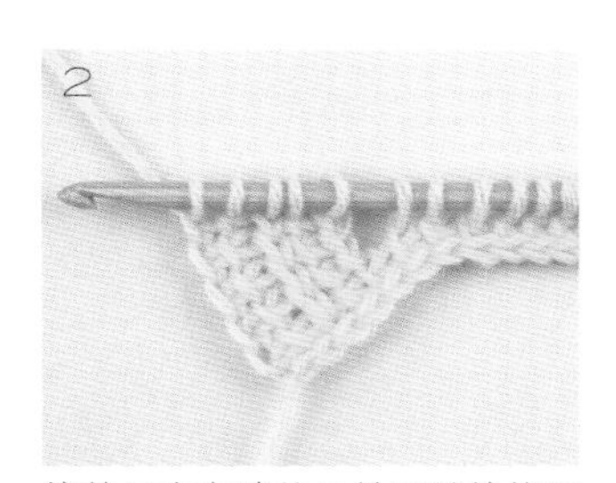

接着只在左端的 5 针里继续编织至第 6 行的前进针目。

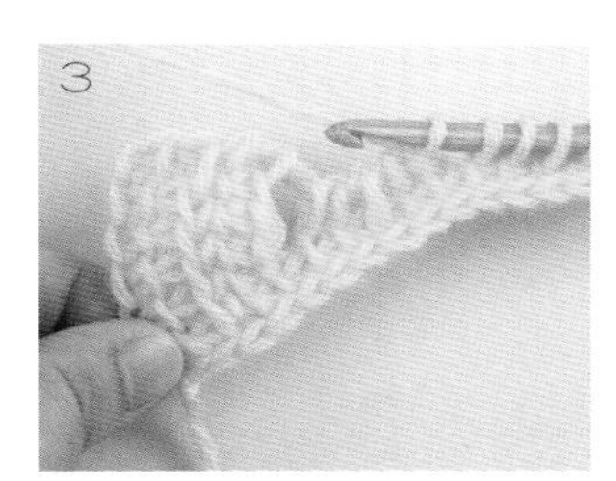

第 6 行编织退针时，一起编织第 2 个方块的 5 针。

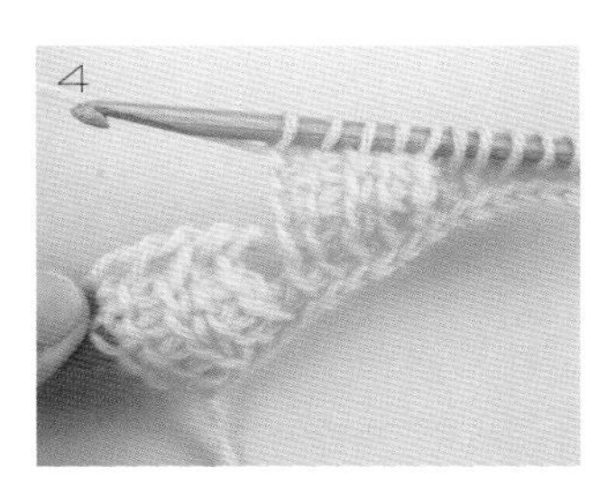

只在第 2 个方块的 5 针里编织至第 6 行的前进针目。

按相同的方法重复步骤 3、4。

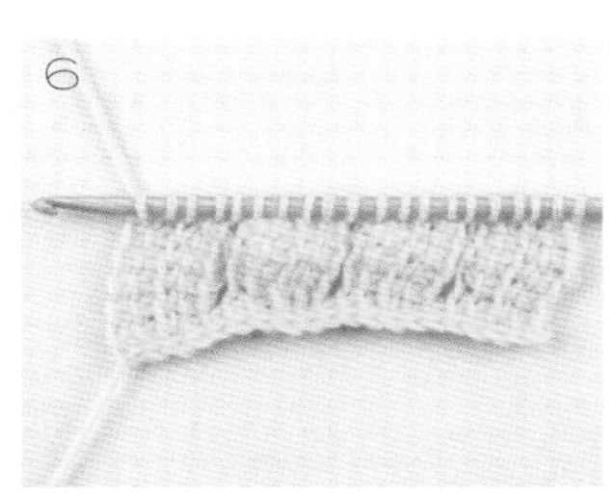

第 7 行编织前进针目至第 1 个方块的左端。

在全部针目里编织退针。接下来，重复编织第 2~7 行。

色彩张扬的围脖

这是一款印花感的围脖，
胖鼓鼓的花样加上明艳的色彩十分可爱。
像围巾一样搭配简单的衬衫或外套，
可以为日常服饰增添一抹靓丽的景色。

设计　古谷美智子
使用线　芭贝 Multico
制作方法　p.70

M

简约风背心

①左右对称地编织 2 块织片。

②用锁针钩织的细绳连接肋部，留出袖窿。

③前、后身片各编织 2 颗小圆球并用锁针连接在一起，作为纽扣穿入身片固定。

这是一款制作简单、色调甜美的背心。

设计　古谷美智子
使用线　芭贝 Julika Mohair
制作方法　p.72

JIGZAG LACE STITCH

锯齿蕾丝花样

阿富汗针编织虽以质地致密厚实为一大特点，然而编织起蕾丝花样来也很漂亮。
重复挂针和 3 针并 1 针，就可以编织出锯齿状的蕾丝镂空花样。
以锯齿线条为界，组合“基本阿富汗针编织”和“平针”
两种针法，仿佛给花样增加了阴影，更具有立体感。

样片

图解

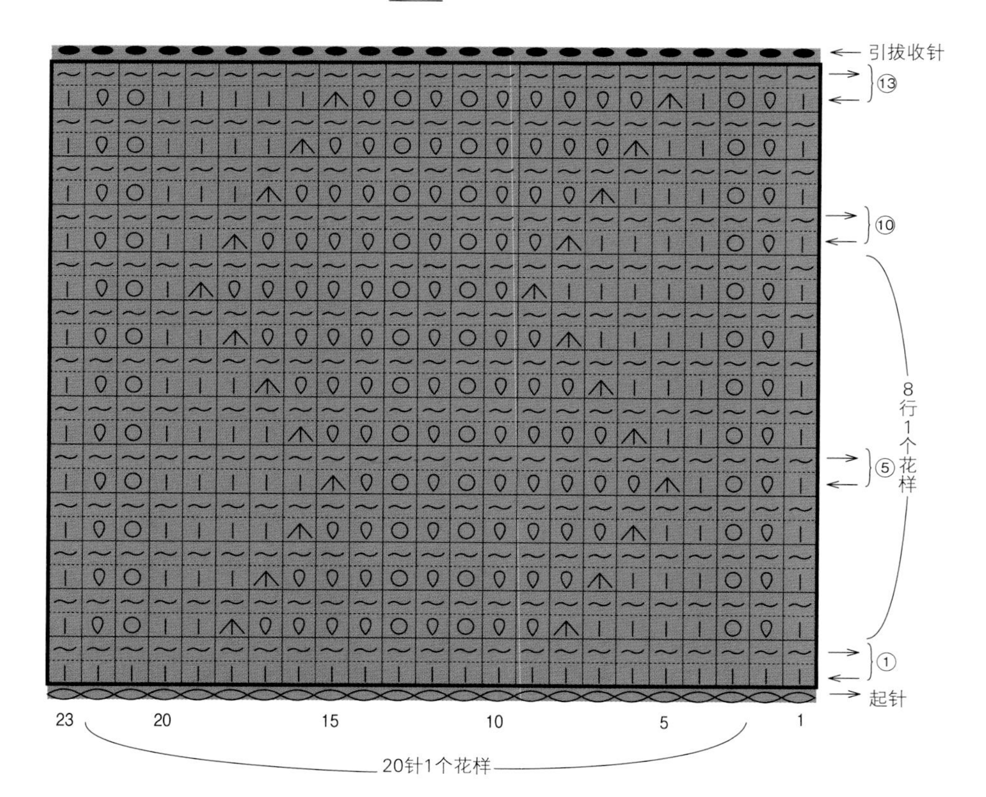

挂针 [O]

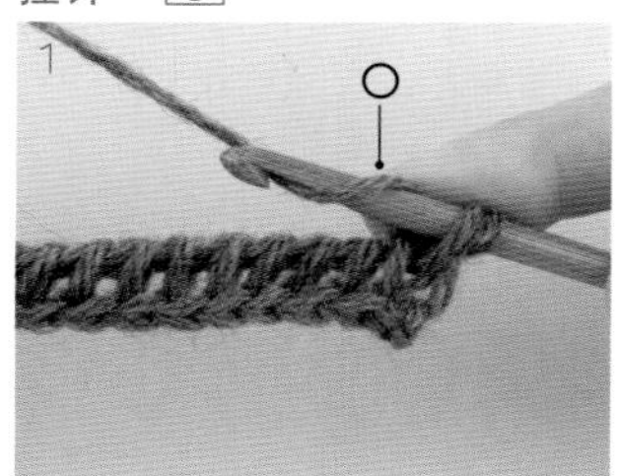

将线“从后往前”挂在针上，编织下一针。

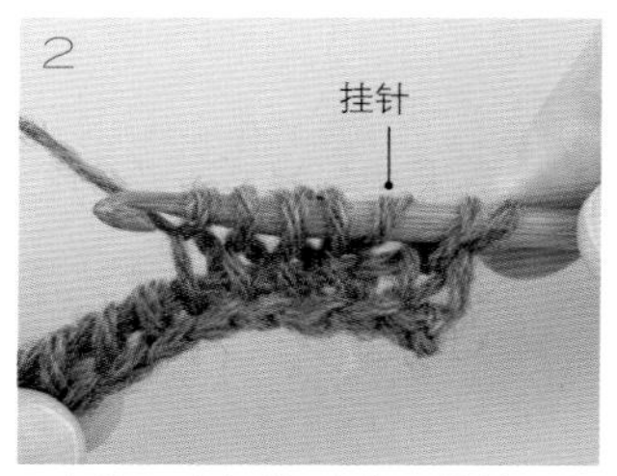

2 个针目之间就形成了挂针。相当于增加了 1 针。

3 针并 1 针 [⋀]

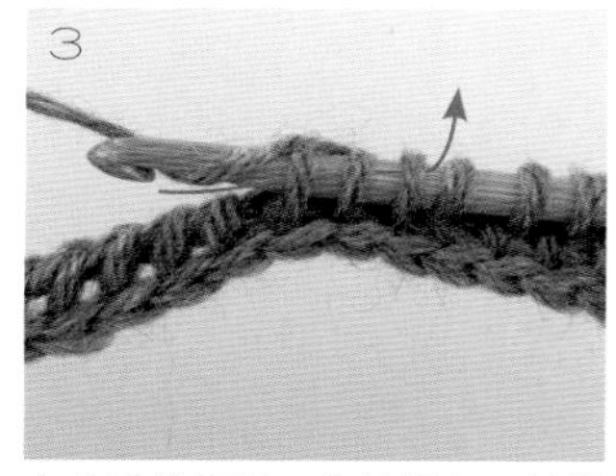

在前进编织时，将针插入 3 针竖针里，挂线。

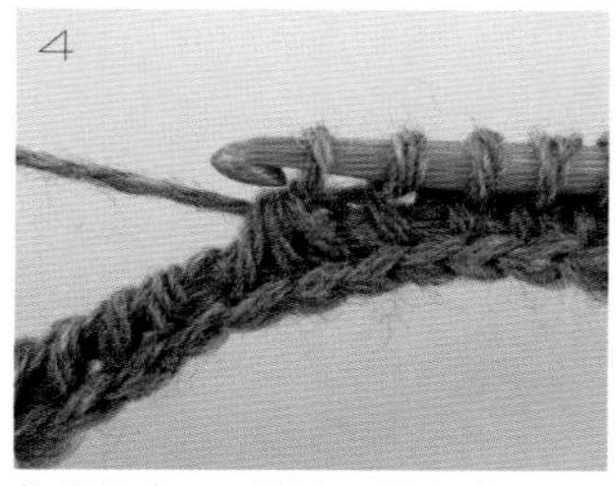

将线拉出，3 针并 1 针完成。

STRANGE SEED STITCH

变化的桂花针

这是交替编织下针和上针的桂花针的应用变化，建议做配色编织。
配色条纹的编织要点是在“后退编织”时换线。
每隔 1 行将下针编织成滑针，将前一行的颜色拉上来，便呈现出了精致细腻的小网格纹样。

样片

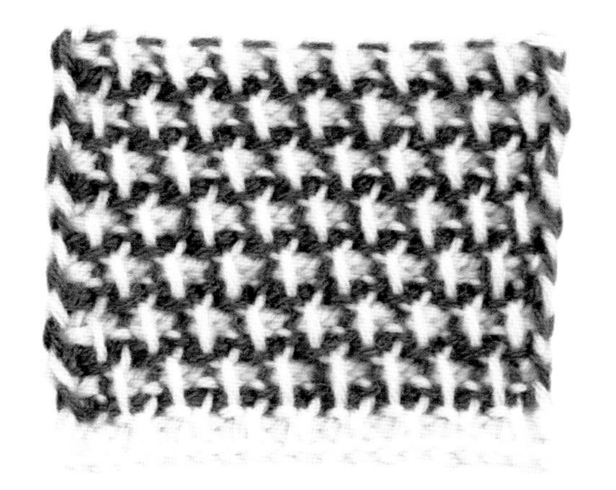

图解

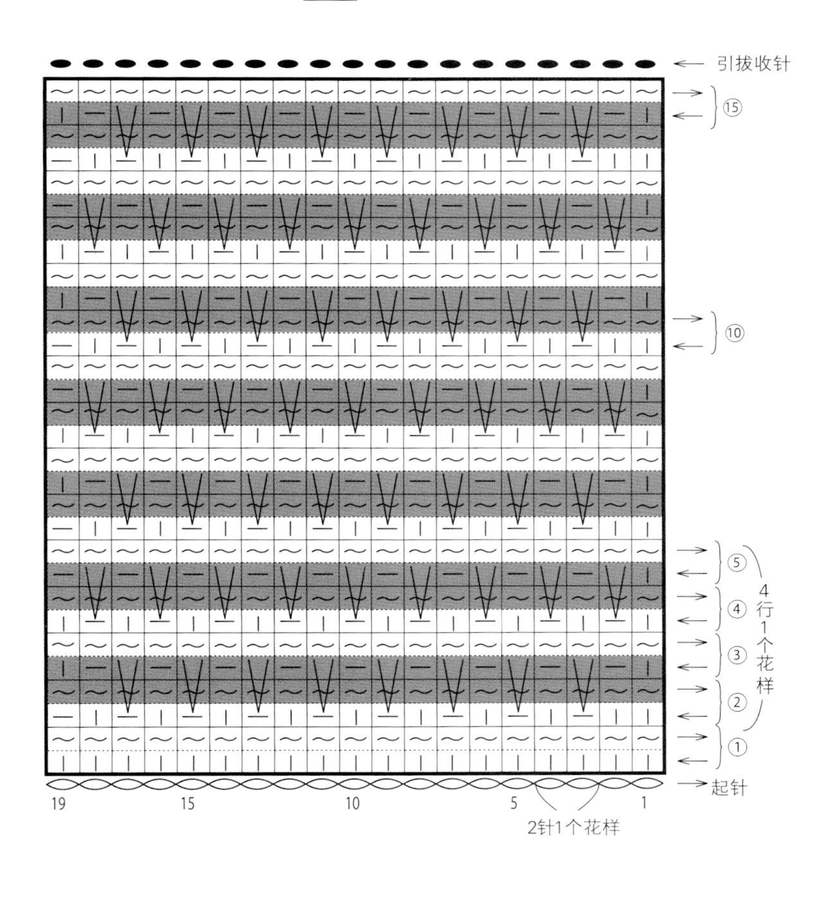

第 3 行　前进编织

第 2 针编织上针。

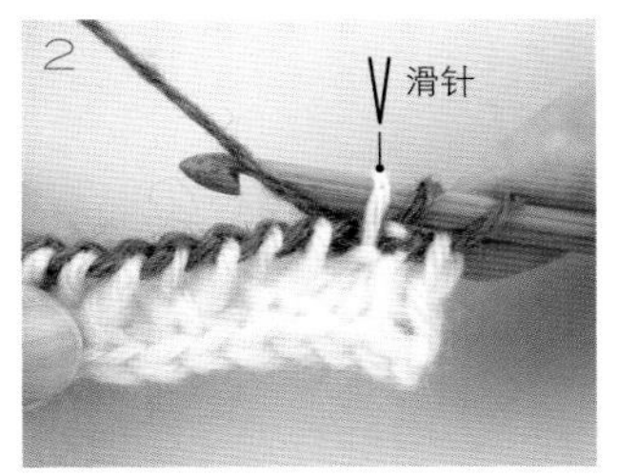

如步骤 1 的箭头所示，第 3 针是在前一行的针目里插入针头，不编织，直接移针目至针头。

滑针完成。下一针编织上针。

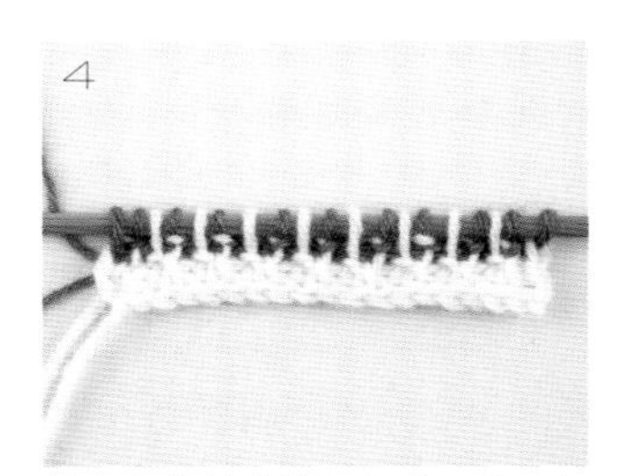

第 3 行的前进编织完成，前一行的针目呈交替上拉的状态。

N

棉线长围巾

使用中细棉线一针一针地精心编织出锯齿蕾丝花样。
不仅可以外出佩戴，与平日的休闲装束也很搭配。
轻柔爽滑的手感最适合夏日遮阳以及空调房内使用了。

设计　古谷美智子
制作　高桥惠美子
使用线　和麻纳卡 Wash Cotton <Crochet>
制作方法　p.71

亲肤大披肩

尝试用羊毛线编织了与 34 页作品相同的花样。
因为会直接接触皮肤，所以选择了亲肤、轻柔的羊驼绒毛线。
可以随意地披在肩上，
或者一圈圈地围在脖子上，
也可以用作盖膝毯……
宽大的尺寸真是实用极了。

设计　古谷美智子
制作　高桥惠美子
使用线　和麻纳卡 Sonomono Alpaca Wool < 中粗 >
制作方法　p.71

P

复古风斜挎包

这是一款小巧轻便的斜挎包，

旅行、兜风、散步……

可以放入一些最基本的用品随身携带。

变化的桂花针花样显得复古又不失时尚。

与 33 页作品的步骤详解相反，

这款花样是将深棕色和深绿色这两种颜色线编织成滑针。

设计　笠间 绫

使用线　芭贝 Queen Anny

制作方法　p.74

Q 拼接式文具袋

从侧边条开始编织，
接着编织底部的一半和主体，
连续编织至另一侧的侧边。
编织 2 块相同的织片后缝合，
再加上里布会更加结实耐用。
除了放文具，
用作随身携带的编织针具收纳包也再合适不过了。

设计　笠间 绫
使用线　芭贝 Puppy New 4PLY
制作方法　p.76

SCALLOP STITCH

扇贝花样

重复阿富汗针的引返编织，就可以形成大大的扇形花样。
虽然花样略显独特，好在全部都是基本阿富汗针编织，所以不必有压力。重点在于挑针和连接！
半圆形花片是一个个依次完成的，也可以将每个扇形花片进行换色编织。

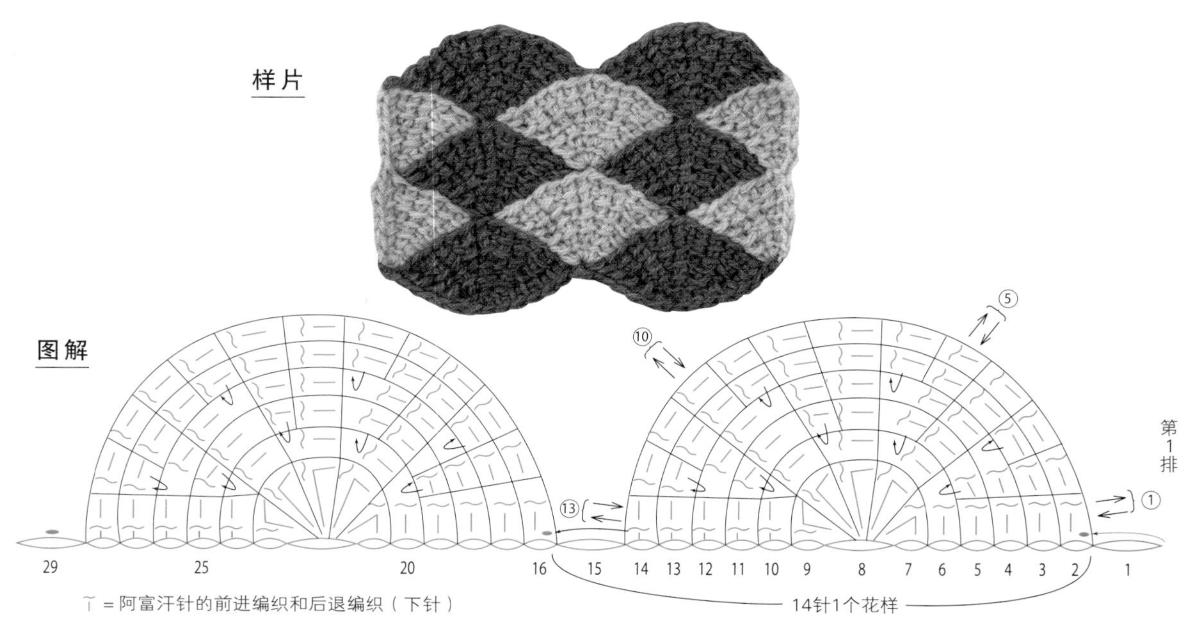

= 阿富汗针的前进编织和后退编织（下针）

= 阿富汗针的“退针的2针并1针”

= 编织退针时，在锁针的里山插入针头一起引拔

第 1 排

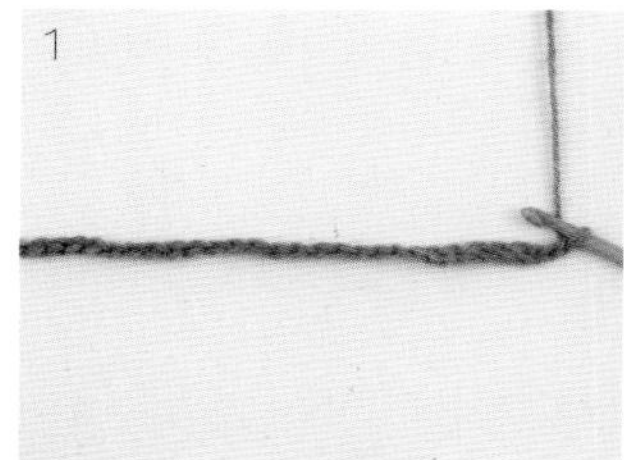

钩 29 针锁针起针。

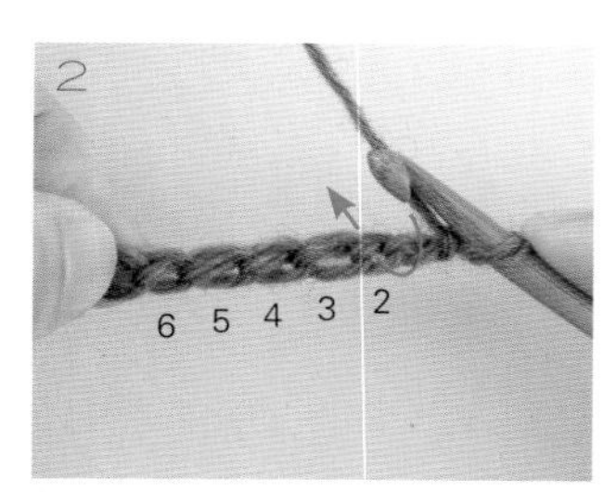

将针插入锁针的里山 2 编织引拔针后，针上的针目就是第 1 针。

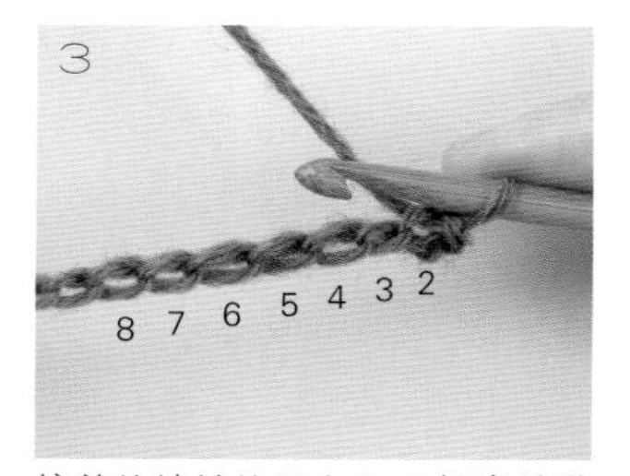

接着从锁针的里山 3~8 挑出前进针目。

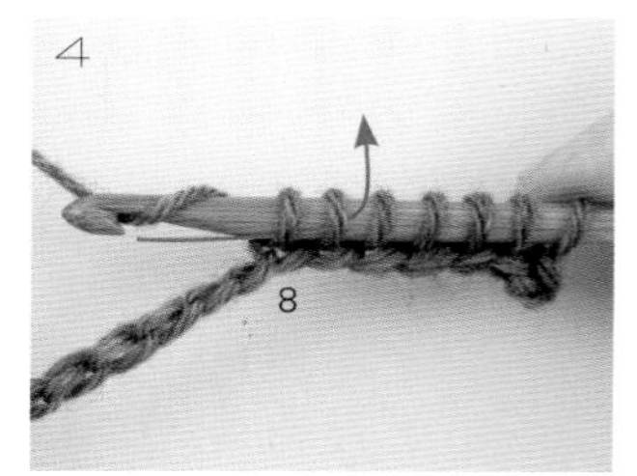

最初的退针在 2 针里一起引拔。

编织退针至右端。

第 2 行编织 3 针前进针目和 4 针退针。

第 3 行是 2 针。编织 1 针前进针目和 2 针退针。

第 4 行编织全部针目。如箭头所示在竖针里插入针头，挂线后拉出。

引返的交界处也在剩下的竖针里挑针。

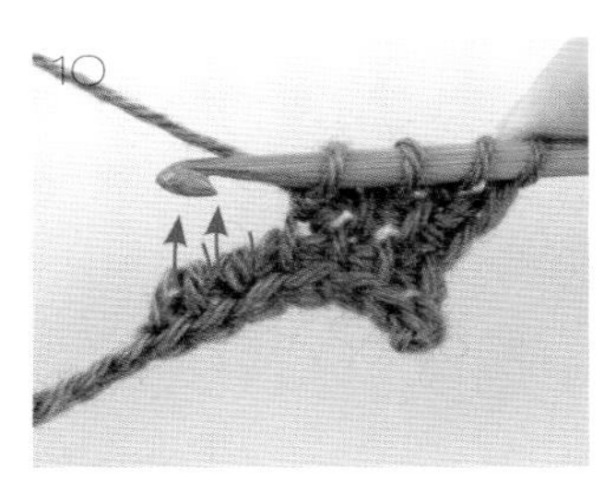

如箭头所示在第 1 行的 2 针并 1 针的退针位置的 1 根线里挑针。

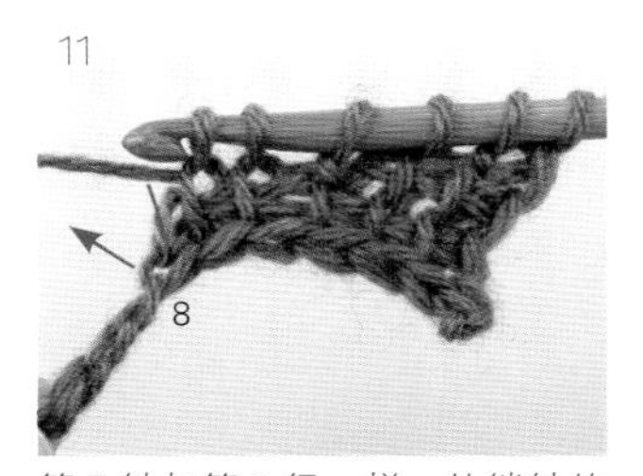

第 7 针与第 1 行一样，从锁针的里山 8 挑针编织。

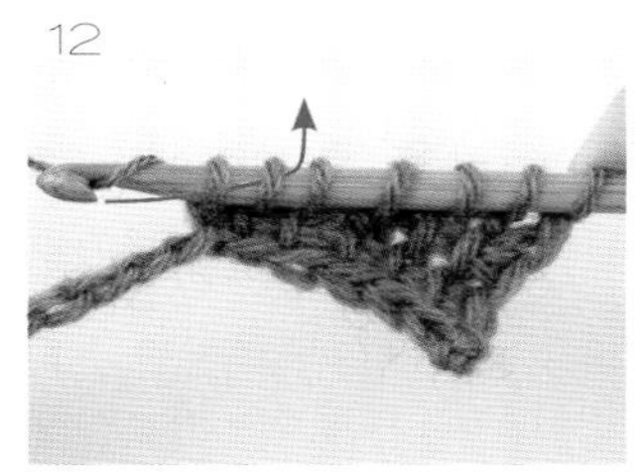

最初的退针是在 2 针里一起编织。

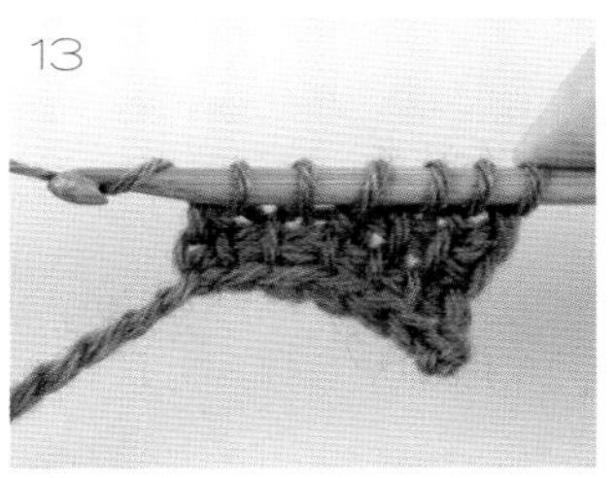

接着一针一针地编织退针。

引返编织的一小块就完成了。再重复 3 次步骤 6~14。

第 13 行挑取 7 针前进针目后，最初的退针是在 2 针里一起编织。

跳过起针锁针的里山 9，如箭头所示将针插入 10。

挂线，引拔穿过针上的 3 个线圈。

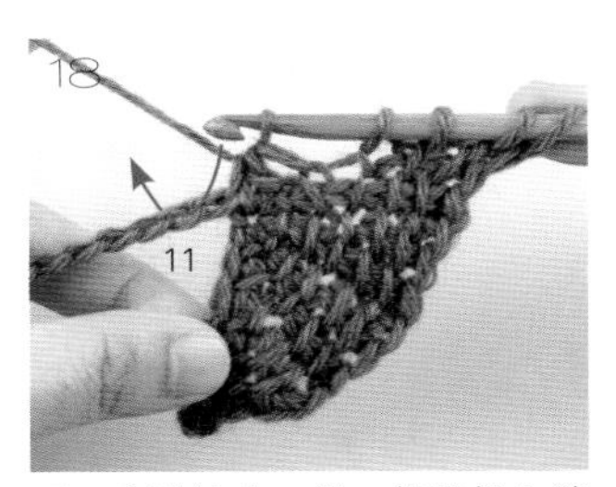

下一个退针也一样，将针插入锁针的里山 11。

引拔穿过 3 个线圈。依次在起针的 1 针锁针里挑针，重复操作。

一边编织第 13 行的退针，一边连接至起针的锁针 14。

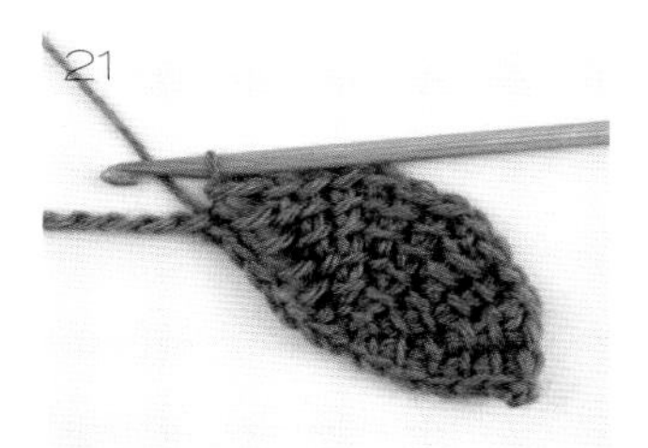

第 1 个半圆形花片完成。

跳过 1 针起针锁针的里山 15，在下一个锁针的里山 16 编织引拔针。

重复步骤 3~21，完成第 1 排花片后的状态。

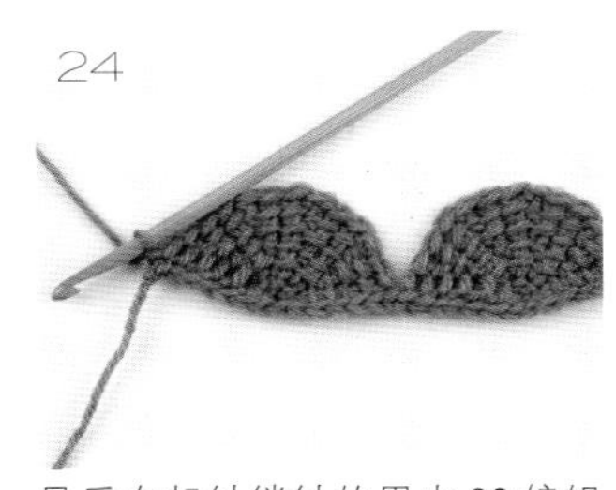

最后在起针锁针的里山 29 编织引拔针后，将线剪断。

⊤ = 阿富汗针的前进编织和后退编织（下针）

⊼ = 阿富汗针的“退针的2针并1针”

| = 编织退针时，在锁针的里山或者边针的竖针及退针的1根线里插入针头一起引拔

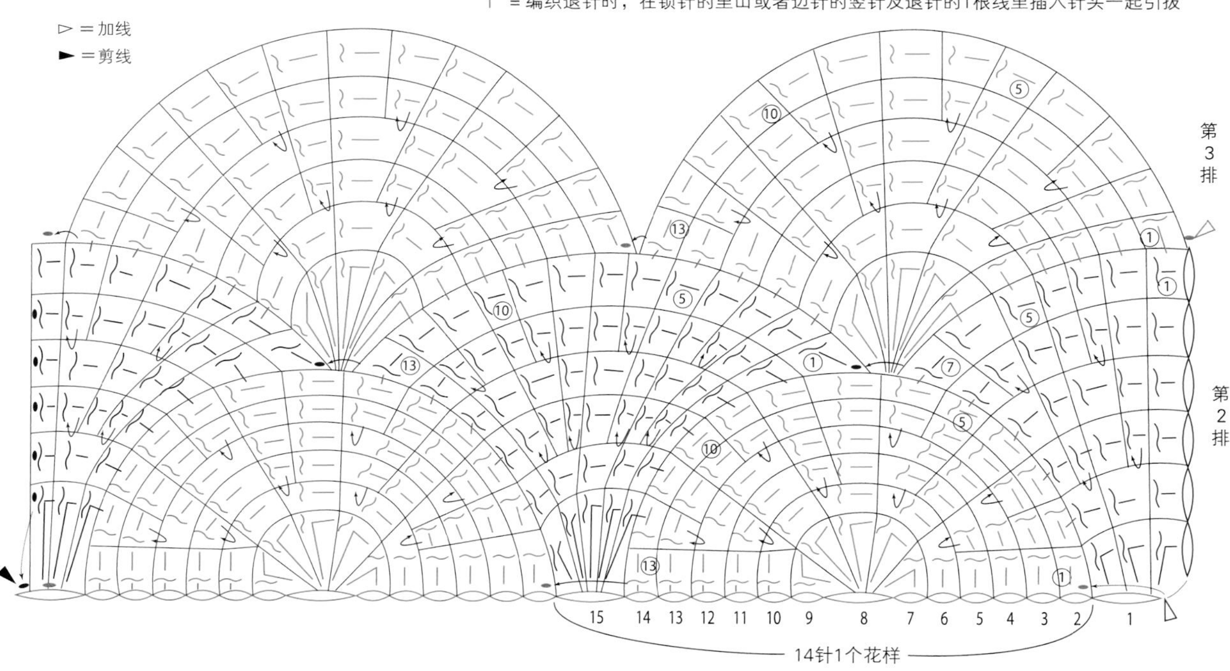

第 2 排

第 2 排在起针锁针 1 的半针和里山（2 根线）里挑针加入新线，钩 6 针锁针。

按“基本阿富汗针编织”的方法，编织前进针目。

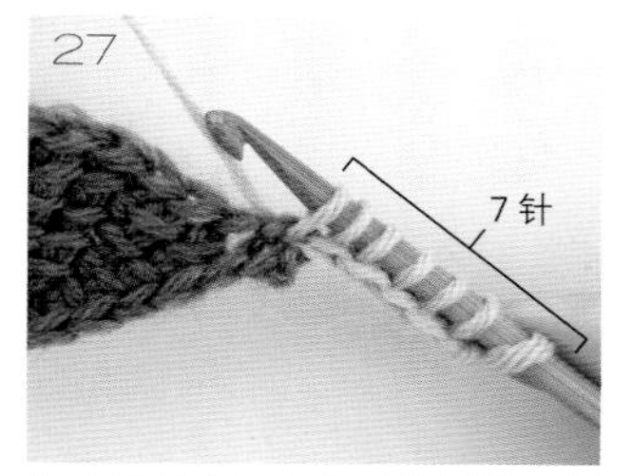

第 7 针是在加入新线的锁针 1 里插入针头挑针。

按步骤 4~11 相同的方法继续编织，编织至第 7 行的前进针目。最初的退针是在 2 针里一起引拔。

接着在第 1 排花片第 2 行的竖针及退针的 1 根线（共 2 根线）里插入针头。

挂线后引拔。

第 7 行的退针完成。在第 1 排花片的第 7 行上编织引拔针。

挂在针上的针目就是下一个花片的第 1 针。

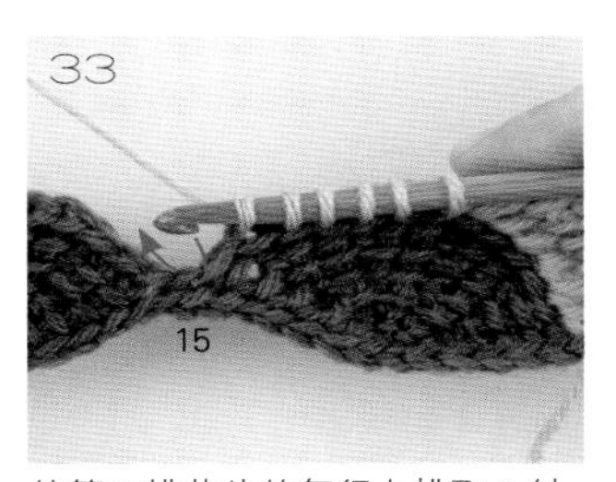

从第 1 排花片的每行上挑取 1 针。第 7 针是在第 1 排引拔后的锁针里插入针头。

挂线后拉出。

最初的退针是在 2 针里一起引拔。

接着一针一针地编织退针。参照图示继续编织。

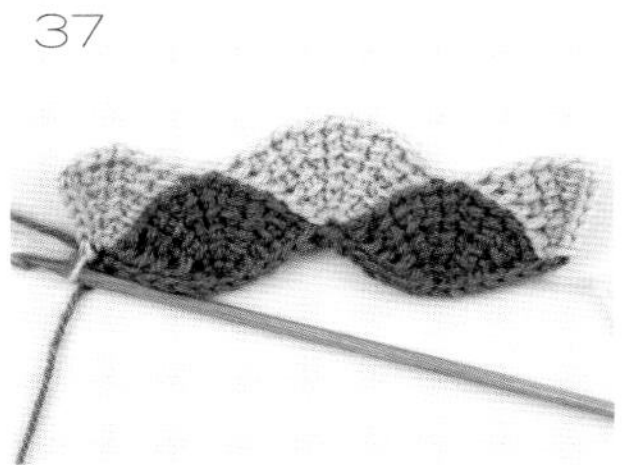

第 2 排的编织终点做引拔收针，最后在起针锁针的半针和里山（2 根线）里引拔后将线剪断。

第 3 排

第 3 排的花片在第 2 排的起针锁针里加入新线。

接着在花片的竖针及退针的 1 根线里插入针头编织引拔针。

从第 2 排花片的行上挑取针目。前进针目的最后一针从第 2 排的 2 个花片之间引拔后的锁针里挑针。

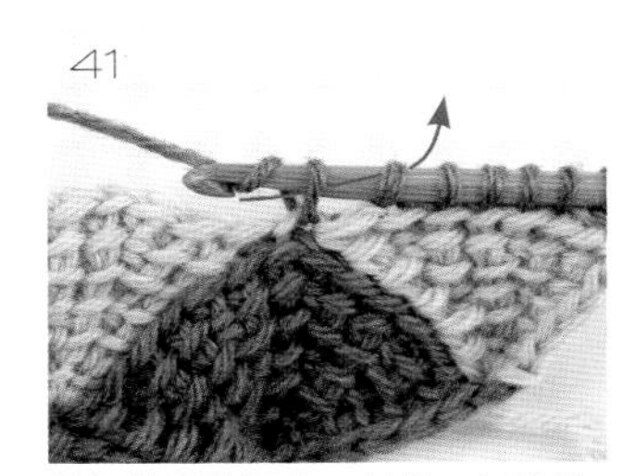

最初的退针是在 2 针里一起引拔。

接着一针一针地编织退针。

按相同的方法继续编织。

5 排花样编织完成后的状态。

R
桶形束口袋

圆鼓鼓的造型加上饱满的花样，
使这款手编束口袋给人一种温暖的感觉。
底部用阿富汗针的引返编织方法，
编织出六角形花片，
接着往上编织包身的扇贝花样。

设计　笠间 绫
使用线　和麻纳卡 Amerry
制作方法　p.78

S

造型别致的手拎袋

新颖别致的手拎袋

让外出也变得更加愉快。

只是将扇贝花样横向排列，

给人的感觉截然不同，真是不可思议！

侧边巧妙地利用扇贝花样的形状进行缝合。

设计　笠间 绫

使用线　芭贝 Mini Sport

制作方法　p.81

DOMINO KNITTING PATTERN STITCH

多米诺编织②

下面介绍的多米诺编织使用了“反针”“狗牙针”和“交叉针”这 3 种针法编织的花样，可能比较适合有经验的人编织。中间的减针都是 3 针并 1 针。与多米诺编织①相比，因为中心的减针数更少，花片容易变成纵向偏长的菱形。所以，前进编织时，拉出的竖针要稍微短一点。

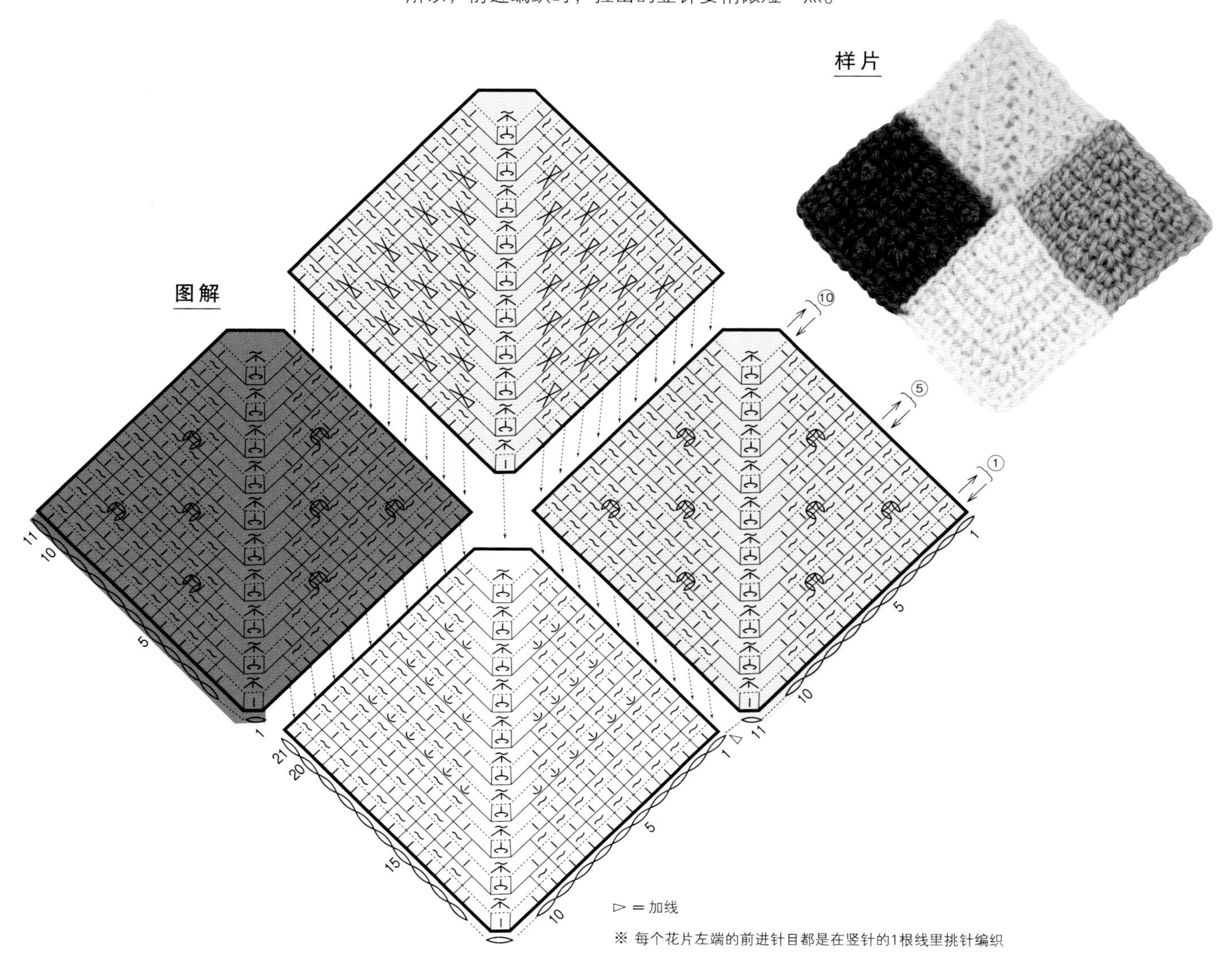

第 1 个花片

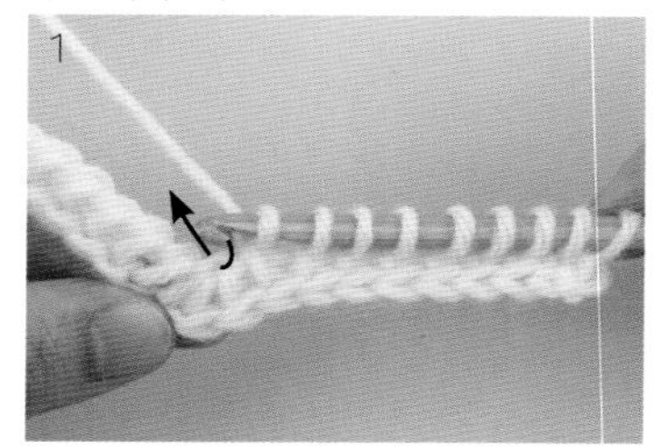

第1行的编织方法与多米诺编织①（参照p.14）相同。第2行前进编织至中心位置时，将针插入退针的锁针的里山。

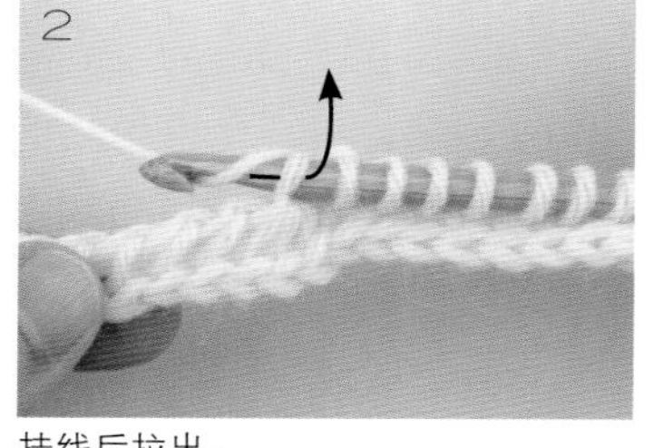

挂线后拉出。

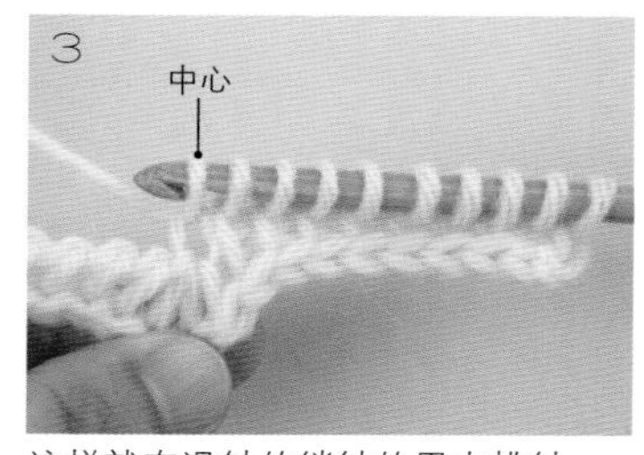

这样就在退针的锁针的里山挑针编织了 1 针。

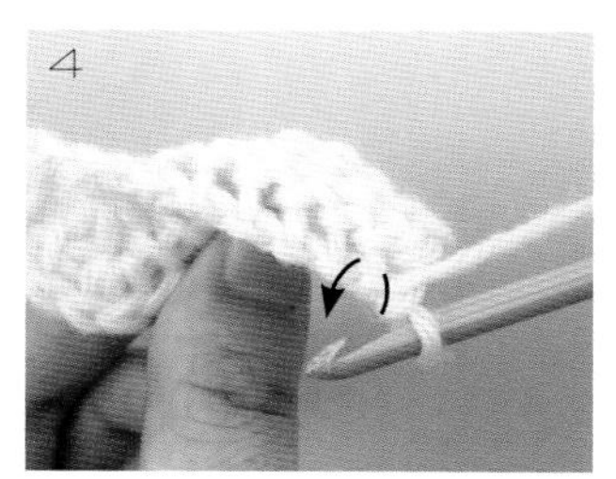

第 4 行前进时编织反针。如箭头所示，将针插入织物后面的竖针。

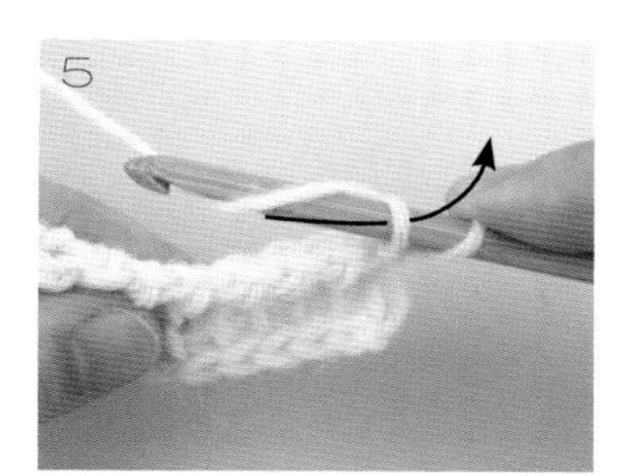

挂线后拉出。

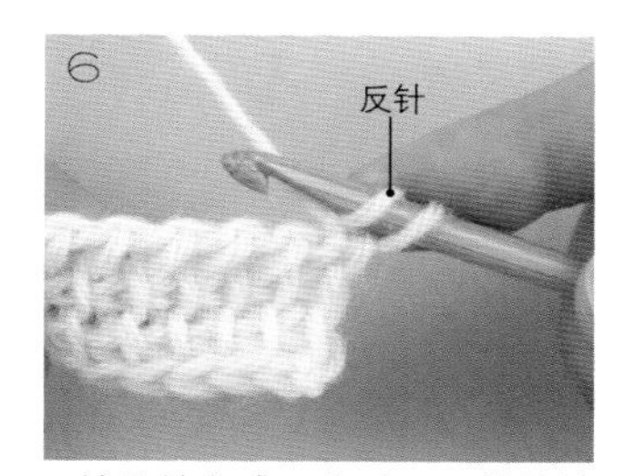

1 针反针完成。此时，退针的锁针出现在了织物的前面。

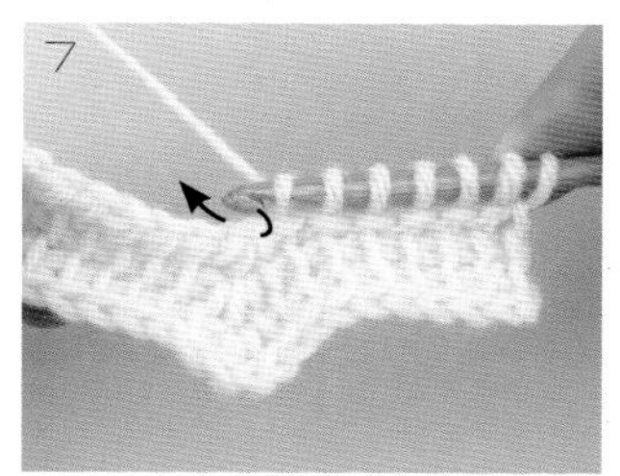

中心的 1 针从退针的锁针的里山挑针编织。

第 2 个花片

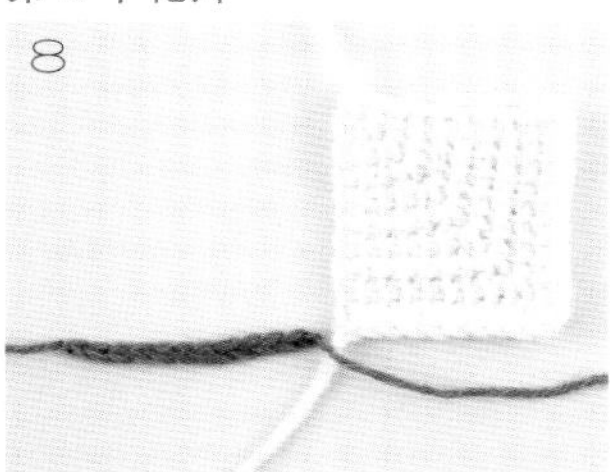

第 1 个花片完成。第 2 个花片预先钩好 11 针锁针备用。

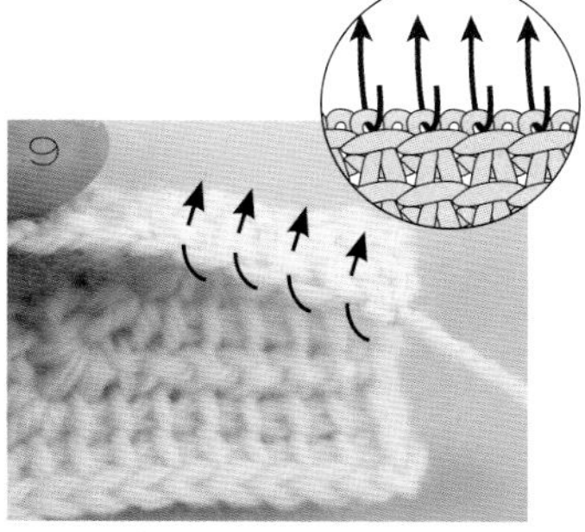

从第 1 个花片的行上挑针。如箭头所示插入针头挑针。

从每行上挑出 1 针，一共挑取 10 针。

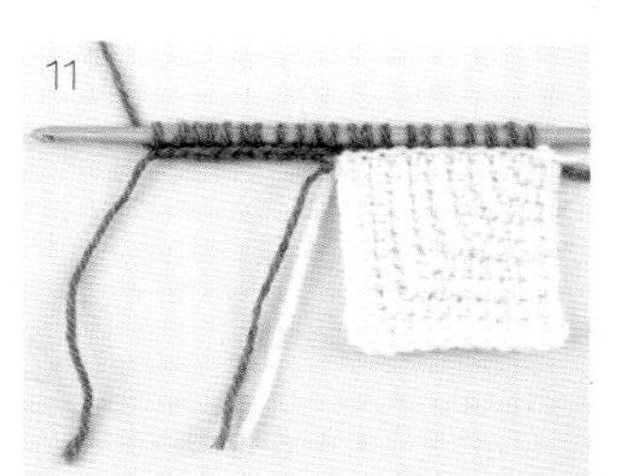

接着从刚才准备好的锁针的里山挑取 11 针。

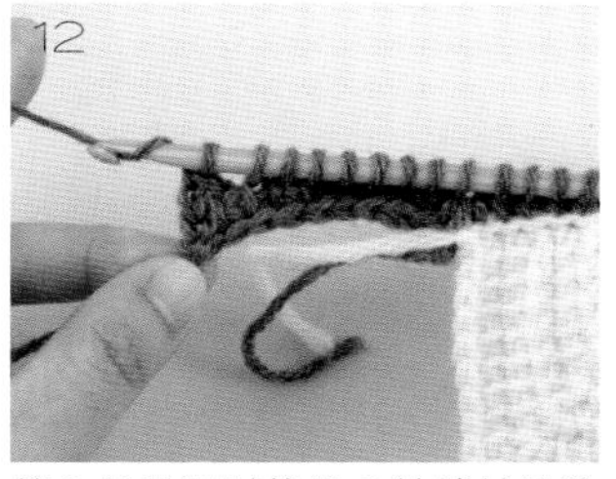

第 2 行后退时编织 3 针锁针的狗牙针。

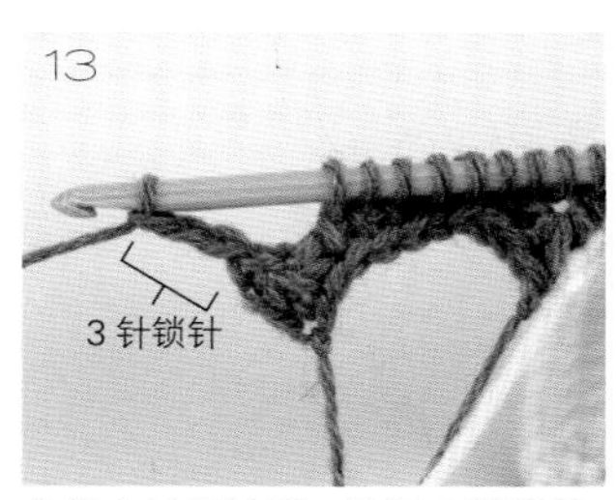

编织 2 针退针后，钩织 3 针锁针。

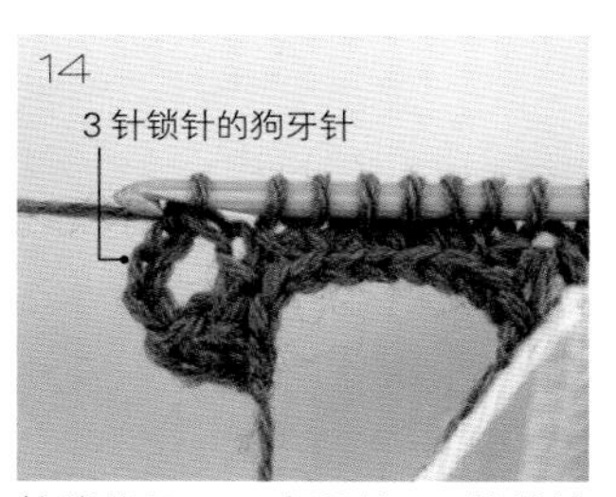

挂线编织下一个退针，3 针锁针的狗牙针完成。

参照图解，一边后退一边编织狗牙针。

第 3 行的前进编织。第 3 针先将 3 针锁针的狗牙针向前面倒后编织。

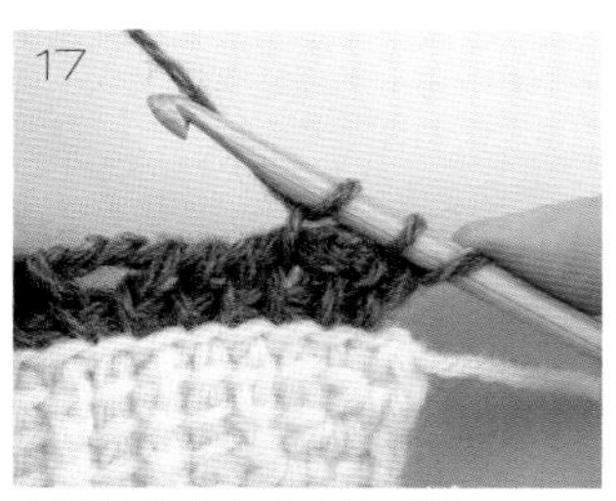

狗牙针出现在织物的正面。

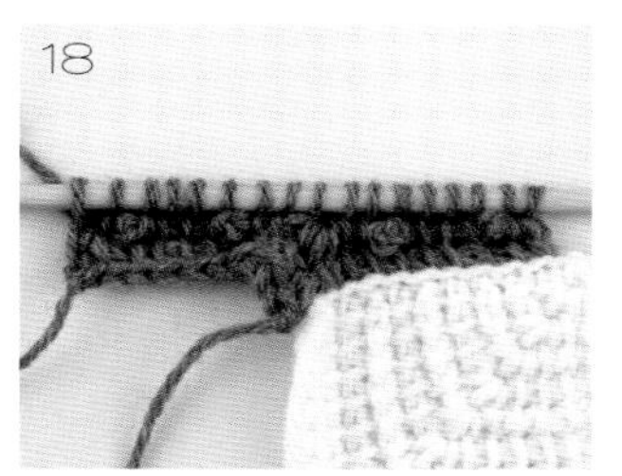

第 3 行的前进编织完成。在第 2 行可以看见 3 针锁针的狗牙针。

第 3 个花片

在第 1 个花片的起针锁针里加入新线，编织第 3 个花片。

第 4 个花片

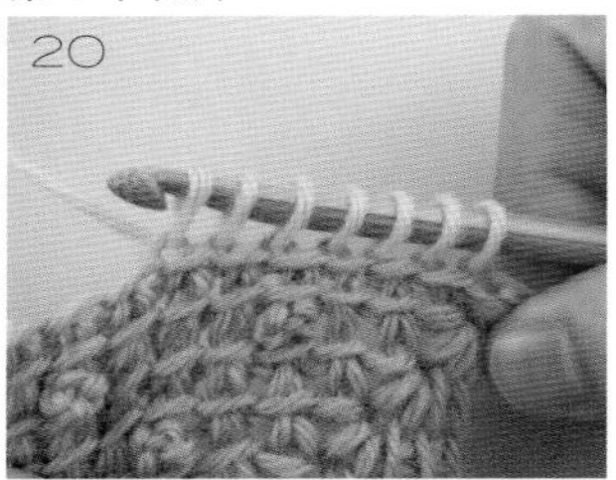

按和步骤 9、10 相同的方法，从第 3 个花片的每一行上挑取 1 针，编织第 1 行的前进针目。

中心的 1 针是从第 1 个花片最后一行退针的锁针的里山挑针。

接着从第 2 个花片的每一行上挑取 1 针，注意是在竖针及退针的 1 根线里挑针，一共挑取 10 针。

第 1 行的挑针完成。

在花片的中心编织“退针的 3 针并 1 针”。

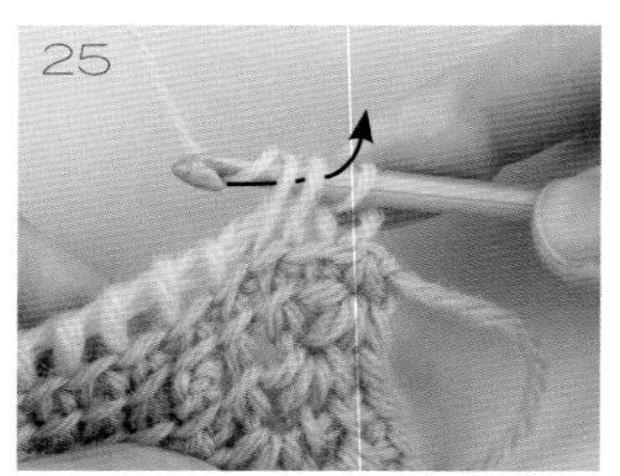

第 2 行前进时编织交叉针。将针插入 2 针竖针，挂线后一次性引拔。

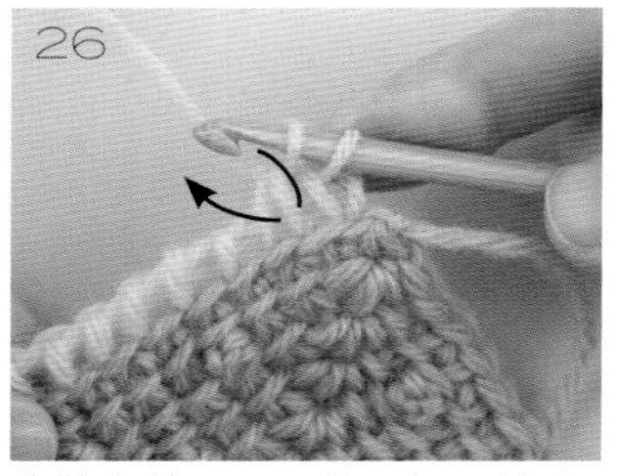

接着在前面的 1 针里插入针头，将针目向上挑起。

挂线，从刚才挑起的针目里拉出。

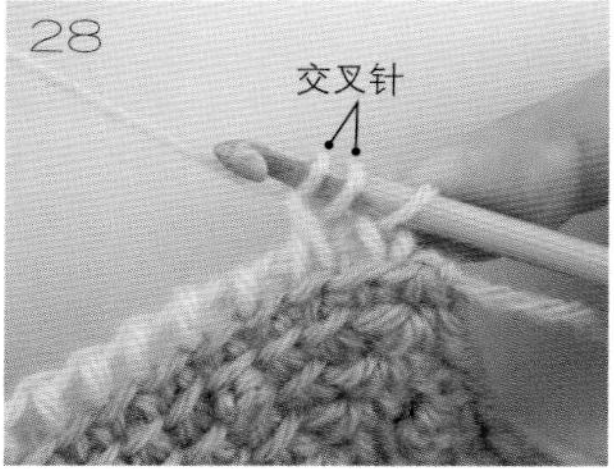

交叉针完成。呈现后面的竖针从前面的竖针中间穿出的交叉状态。

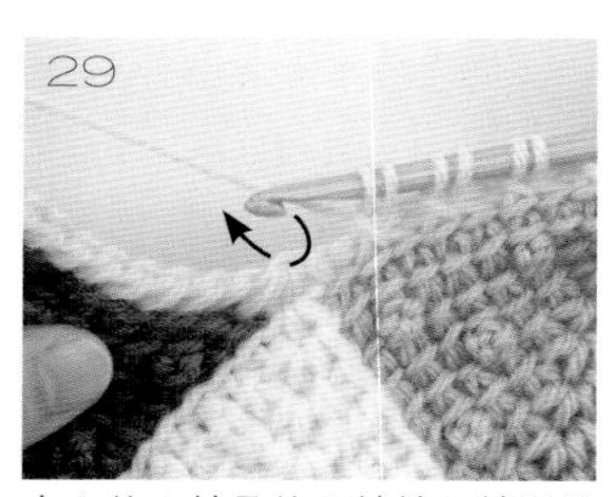

中心的 1 针是从 3 针并 1 针后的退针的里山挑针。

编织至第 2 行中心的状态。

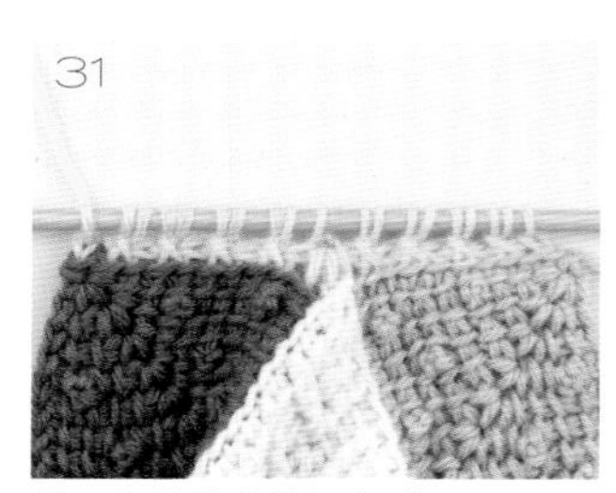

第 2 行的前进编织完成。

第 2 行后退编织也在中心编织 3 针并 1 针。

第 3 行与第 2 行错开 1 针编织交叉针。

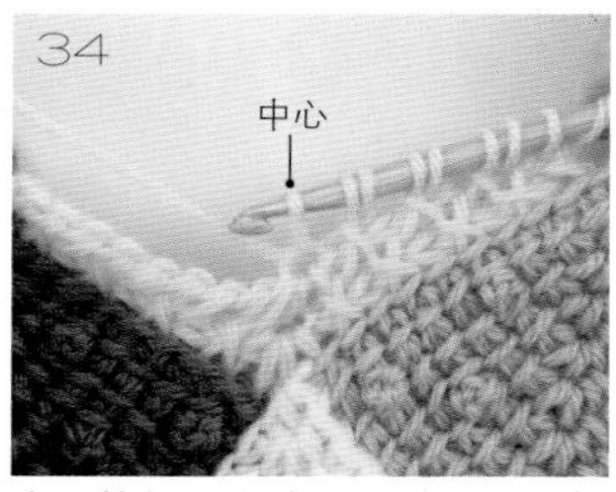

中心按相同方法从退针的里山挑针编织。

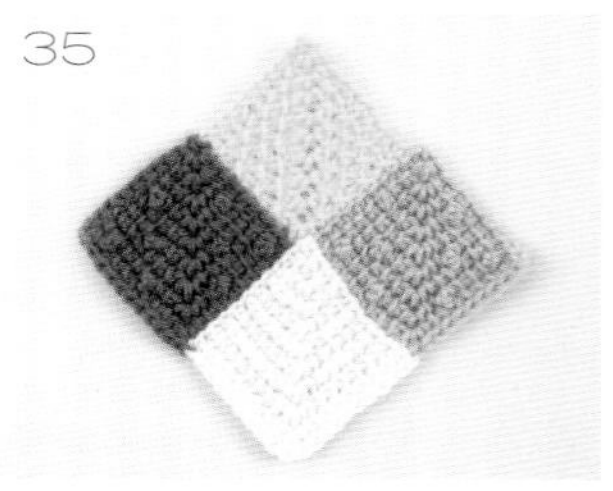

第 4 个花片完成。

T

多米诺方块多用毯

这款多米诺编织的毯子采用了传统的配色，

用作室内装饰也很漂亮。

由于边针非常平整，无须额外编织边缘。

盖膝毯、包包、靠垫……

在线材、尺寸和配色上都可加以设计，

还可以用这些花样尝试编织各种作品。

设计　古谷美智子
制作　田野准子
使用线　芭贝 Queen Anny
制作方法　p.80

本书作品使用的线材

图片为实物大小

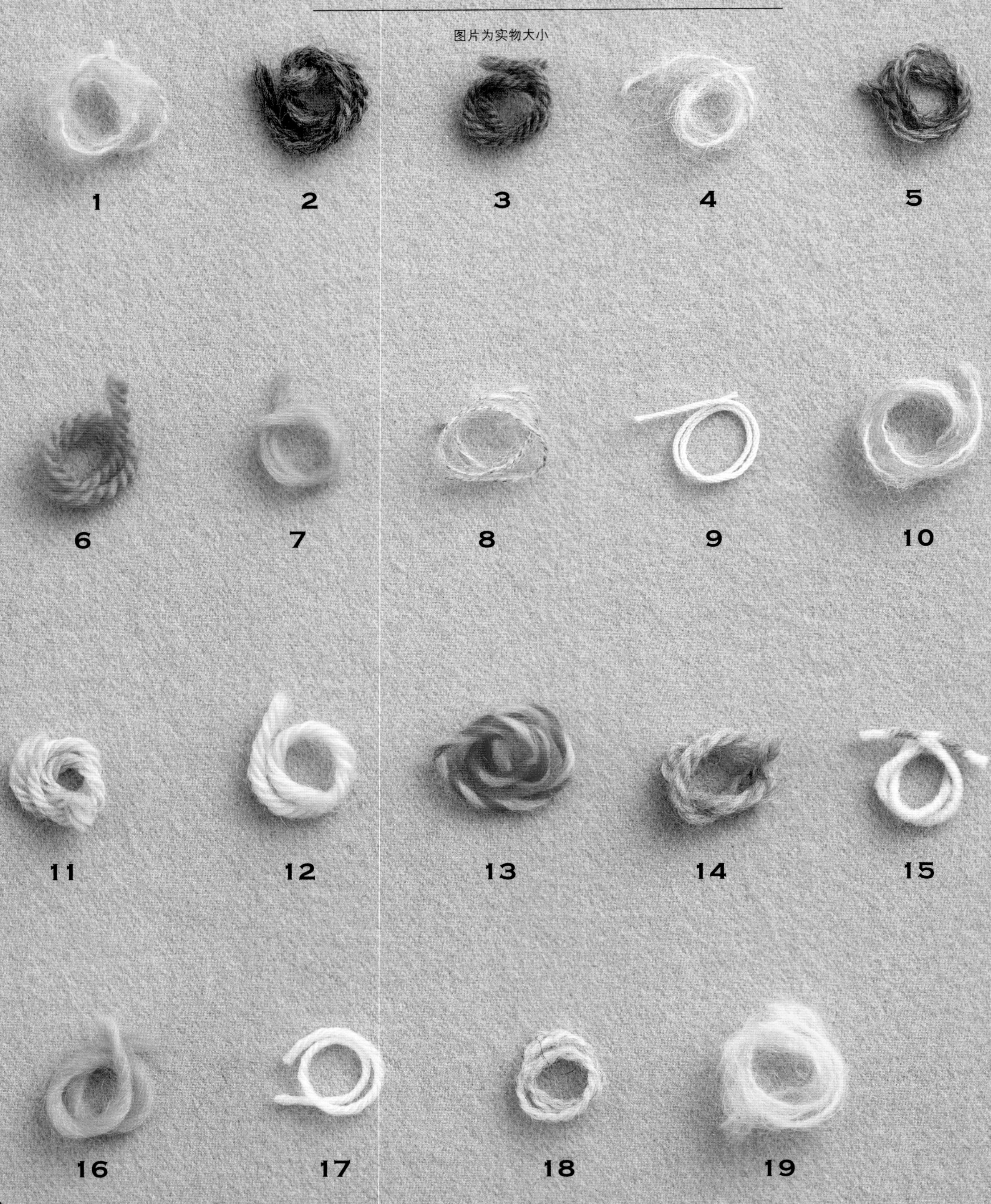

	线名	成分	规格	线长	线的粗细	适用的棒针（钩针）号数
和麻纳卡（HAMANAKA）株式会社	http://www.hamanaka.co.jp	电话：075-463-5151				
1	Franc	羊毛 80%、羊驼绒 14%、锦纶 6%	30g/团	约 105m	中粗	7~8（7/0）
2	Sonomono Alpaca Wool < 中粗 >	羊毛 60%、羊驼绒 40%	40g/团	约 92m	中粗	6~8（6/0）
3	Amerry	羊毛 70%（新西兰美利奴羊毛）、腈纶 30%	40g/团	约 110m	中粗	6~7（5/0~6/0）
4	Sonomono Hairy	羊驼绒 75%、羊毛 25%	25g/团	约 125m	中粗	7~8（6/0）
5	Sonomono Royal Alpaca	羊驼绒 100%（顶级幼羊驼绒）	25g/团	105m	中粗	7~8（6/0）
6	Love Bonny	腈纶 100%	40g/团	约 70m	中粗	7~8（5/0）
7	Airyna	羊毛 58%、锦纶 42%	25g/团	约 112m	中粗	6~7（5/0）
8	Waltz	锦纶 29%、羊毛 20%、马海毛 19%、人造丝 16%、腈纶 16%	25g/团	约 135m	粗	5~6（4/0）
9	Wash Cotton <Crochet>	棉 64%、涤纶 36%	25g/团	约 104m	中细	（3/0）
10	Dina	羊毛 74%、羊驼绒 14%、锦纶 12%	40g/团	约 128m	中粗	6~7（5/0）
大同好望得（DAIDOH FORWARD）株式会社　芭贝事业部	http://www.puppyarn.com	电话：03-3257-7135				
11	Queen Anny	羊毛 100%	50g/团	97m	中粗	6~7（6/0~8/0）
12	Mini Sport	羊毛 100%	50g/团	72m	极粗	8~10（8/0~10/0）
13	Lecce	羊毛 90%、马海毛 10%	40g/团	160m	中细	4~6（4/0~5/0）
14	British Eroika	羊毛 100%（50% 以上英国羊毛）	50g/团	83m	极粗	8~10（8/0~10/0）
15	Husky	羊毛 50%（100% 超细美利奴羊毛）、腈纶 50%	100g/团	300m	粗	6~8（6/0~8/0）
16	Multico	羊毛 75%、马海毛 25%	40g/团	80m	中粗	8~10（8/0~10/0）
17	Puppy New 4PLY	羊毛 100%（防缩加工）	40g/团	150m	中细	2~4（2/0~4/0）
18	British Fine	羊毛 100%	25g/团	116m	中细	3~5（3/0~5/0）
19	Julika Mohair	马海毛86%（100%超级小马海毛）、羊毛8%（100%超细美利奴羊毛）、锦纶6%	40g/团	102m	中粗	8~10（9/0~10/0）

制作方法

阿富汗针

从形状上看，阿富汗针就像是棒针和钩针的组合。它又可分为两种：一种是“单头阿富汗针”，只有一头是类似于钩针的钩子；另一种是“双头阿富汗针”，两头都有相同针号的钩子。除特别指定外，均使用单头阿富汗针编织。另外，不同厂商对阿富汗针粗细的表示方法也不统一，本书作品的制作方法中同时使用号数和毫米数表示。编织作品前，请务必使用粗细相近的阿富汗针试编样片以确认密度。

※ 本书编织图中凡是没有标注长度单位的数字均以厘米（cm）为单位

室内鞋
p.8

材料

和麻纳卡 Love Bonny S号／深红色（112）55g；M号／金茶色（107）55g，橄榄绿色（114）20g；L号／橄榄绿色（114）75g，金茶色（107）20g

工具

阿富汗针 12 号（5.7mm），钩针 5/0 号

成品尺寸

S 号／鞋底长 18~19cm；M 号／鞋底长 23~24cm；L 号／鞋底长 25~26cm

编织密度

10cm×10cm 面积内：基本阿富汗针编织、编织花样均为 16 针，11 行

编织要点

钩织锁针起针，一边在鞋跟部位加针，一边做基本阿富汗针编织。接着参照图示，按编织花样或条纹花样编织。对齐相同标记缝合成鞋子的形状，在鞋头钩织锁针作为纽襻。最后钩织纽扣并缝上。

［S号］

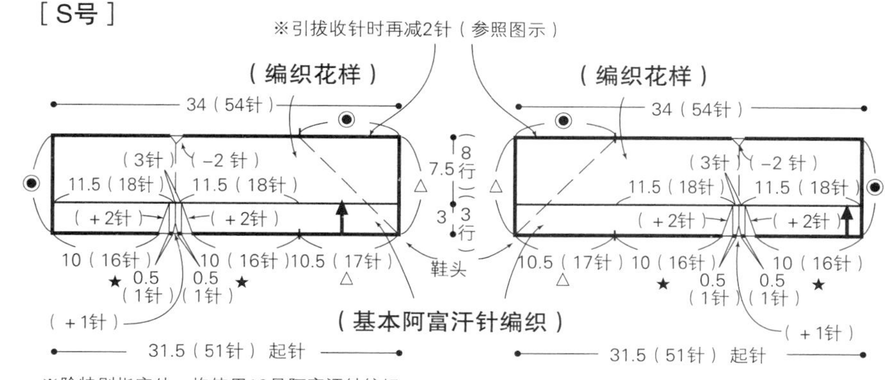

※除特别指定外，均使用12号阿富汗针编织
※对齐△与△、◉与◉做针与行的缝合
※对齐★与★做卷针缝缝合

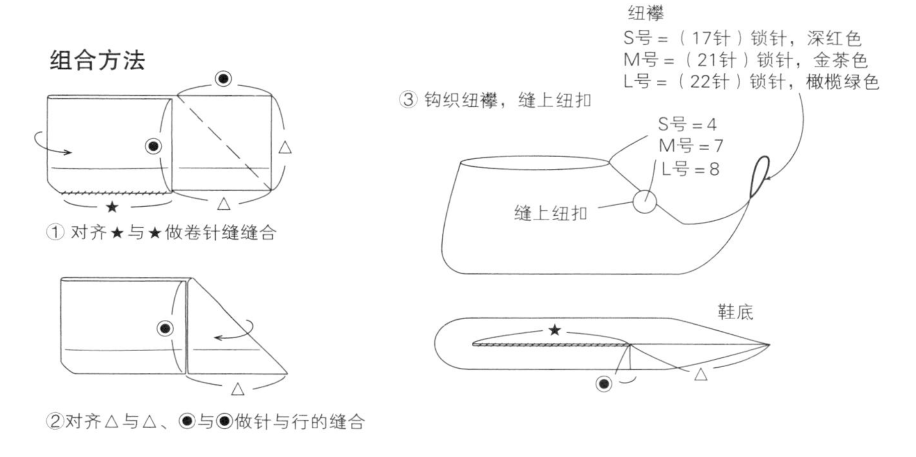

纽扣 5/0号钩针 深红色

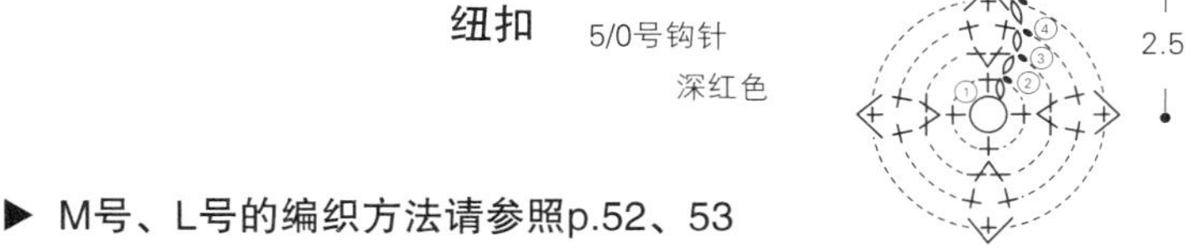

※在中间塞入零线后，在4针里穿线收紧

▶ M号、L号的编织方法请参照p.52、53

S号　左右对称地编织另一片

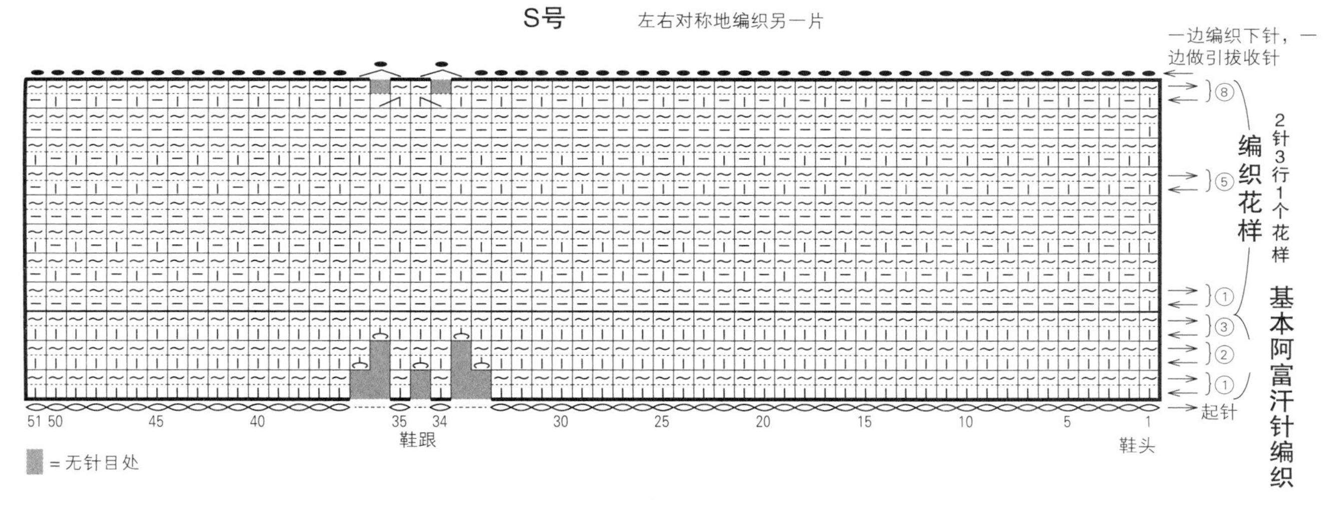

▇ ＝无针目处

［M号］

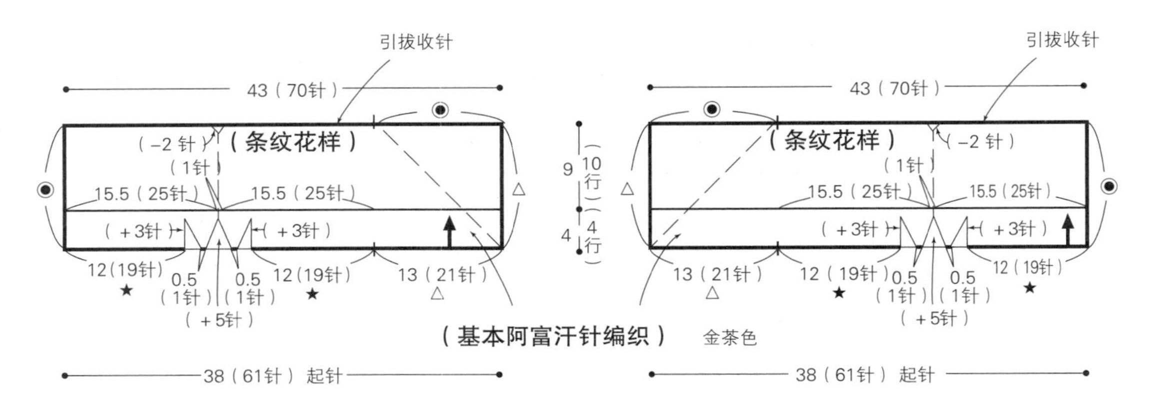

※除特别指定外，均使用12号阿富汗针编织
※对齐△与△、◉与◉做针与行的缝合
※对齐★与★做卷针缝缝合

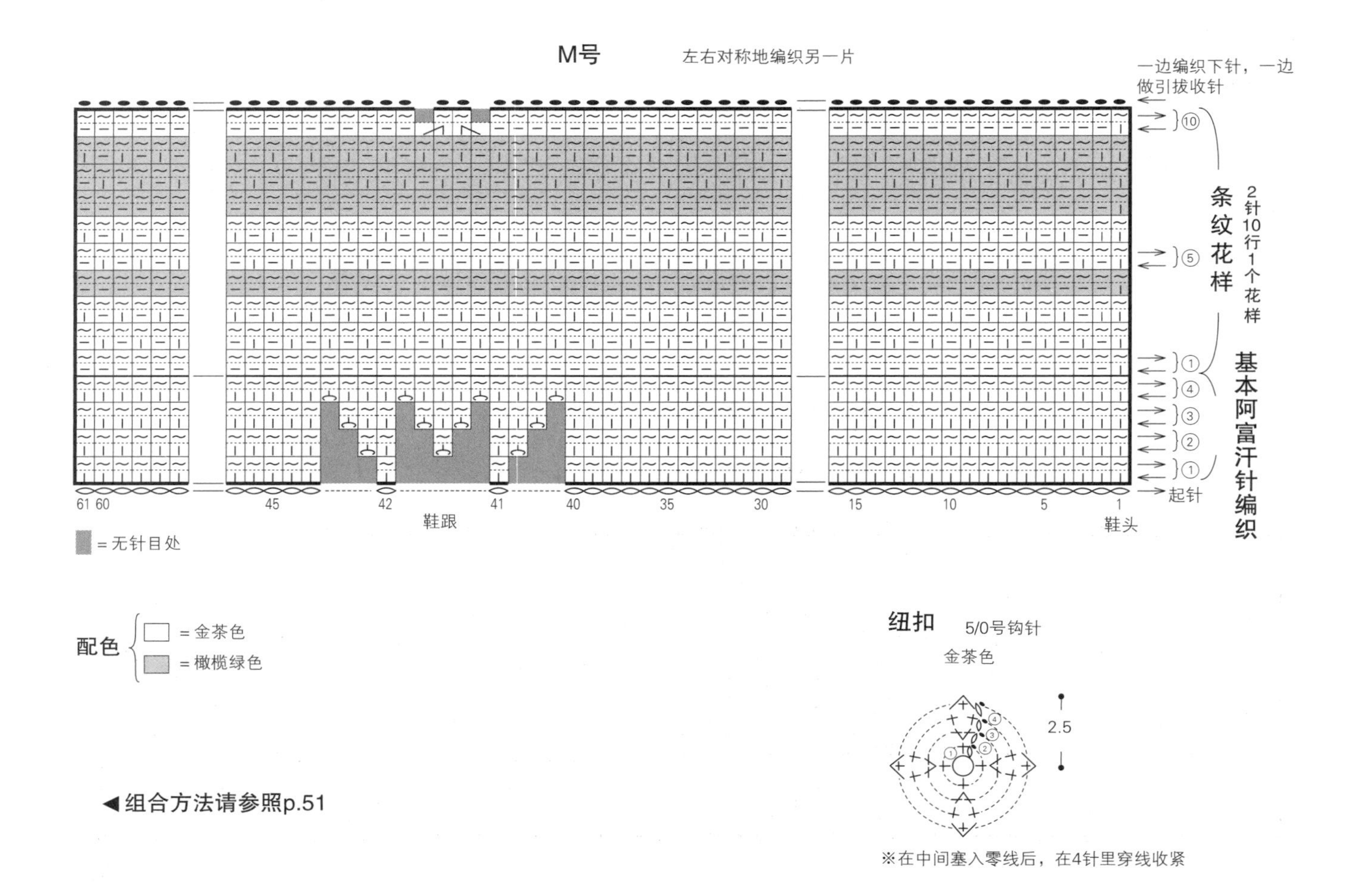

◀组合方法请参照p.51

[L号]

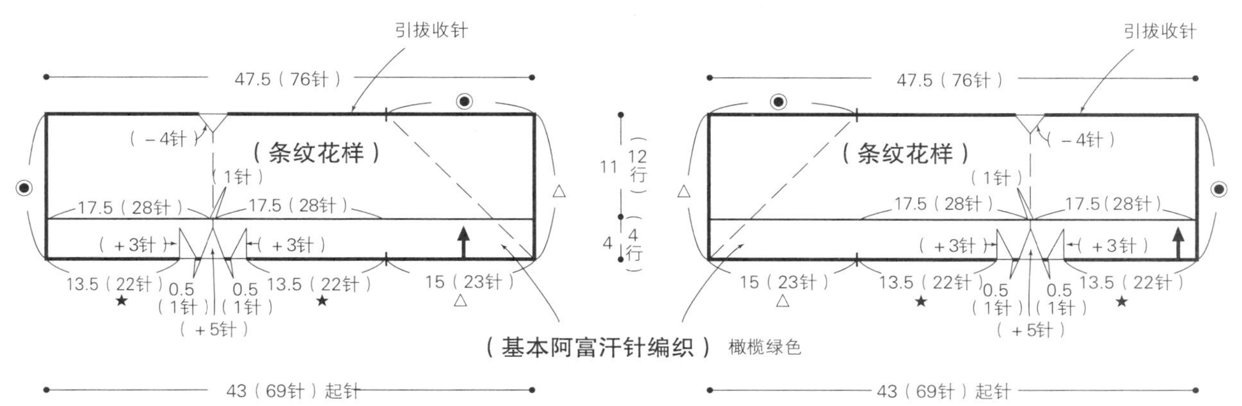

※除特别指定外，均使用12号阿富汗针编织
※对齐△与△、◉与◉做针与行的缝合
※对齐★与★做卷针缝缝合

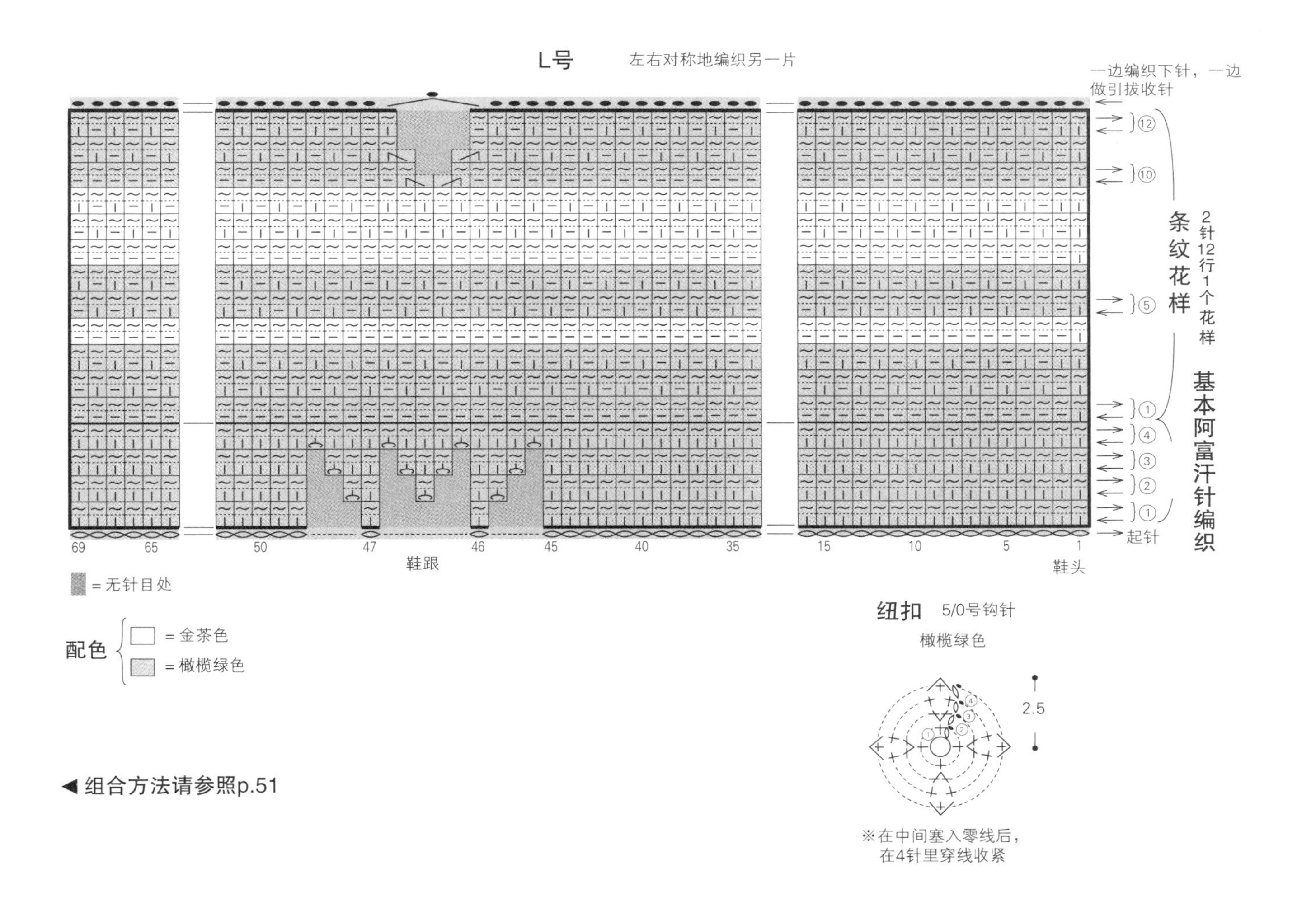

◀ 组合方法请参照p.51

水手领披肩

p.13

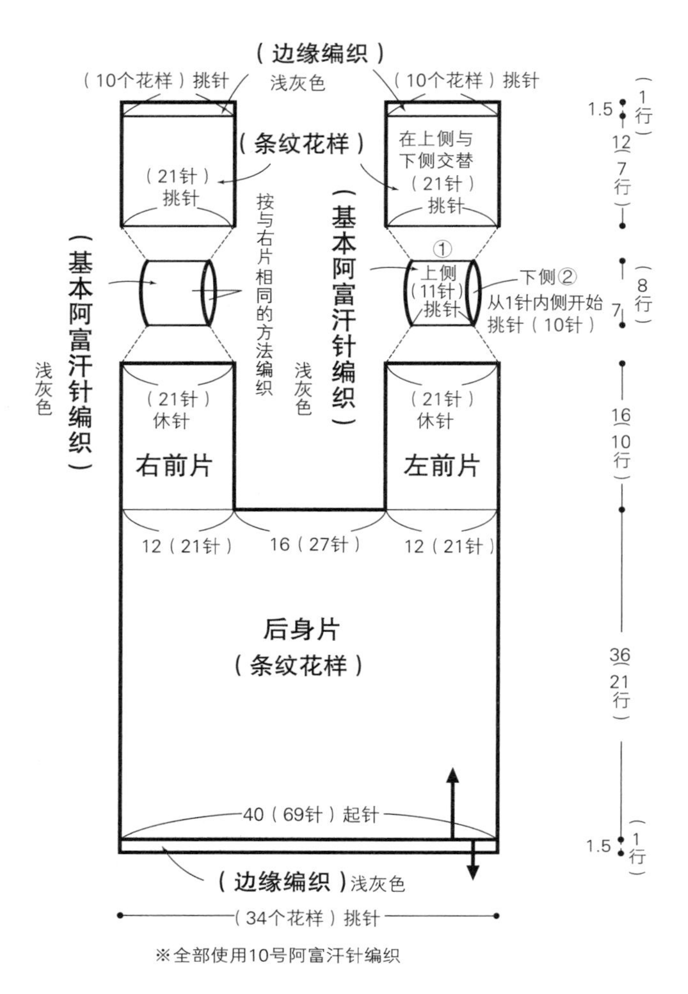

材料

和麻纳卡 Waltz 橘粉色（3）50g，Franc 浅灰色（202）30g

工具

阿富汗针 10 号（5.1mm）

成品尺寸

长 74cm（总长），宽 40cm

编织密度

10cm×10cm 面积内：条纹花样 17 针，6 行

编织要点

用浅灰色线钩织 69 针锁针起针后，编织 21 行条纹花样。橘粉色的线用 2 根线合为 1 股编织。右前片的 21 针编织 9 行后，第 10 行在退针的锁针的 1 根线里也要挑针，用浅灰色线编织 21 针，然后将线放置一边暂停编织。加入新的浅灰色线，挑取下侧的 10 针按“基本阿富汗针编织”编织 8 行后将线剪断。接着用刚才暂停编织的浅灰色线挑取上侧的针目，按“基本阿富汗针编织”编织 8 行。编织接下来的条纹花样的第 1 行时，在上侧与下侧的针目里交替挑针，将前面的基本阿富汗针编织部分连接成袋状。编织 7 行条纹花样后，接着编织边缘。参照图示，在中间编织引拔针和锁针后，左前片也按右前片的相同方法编织。最后从起针行的另一侧挑针，做边缘编织。

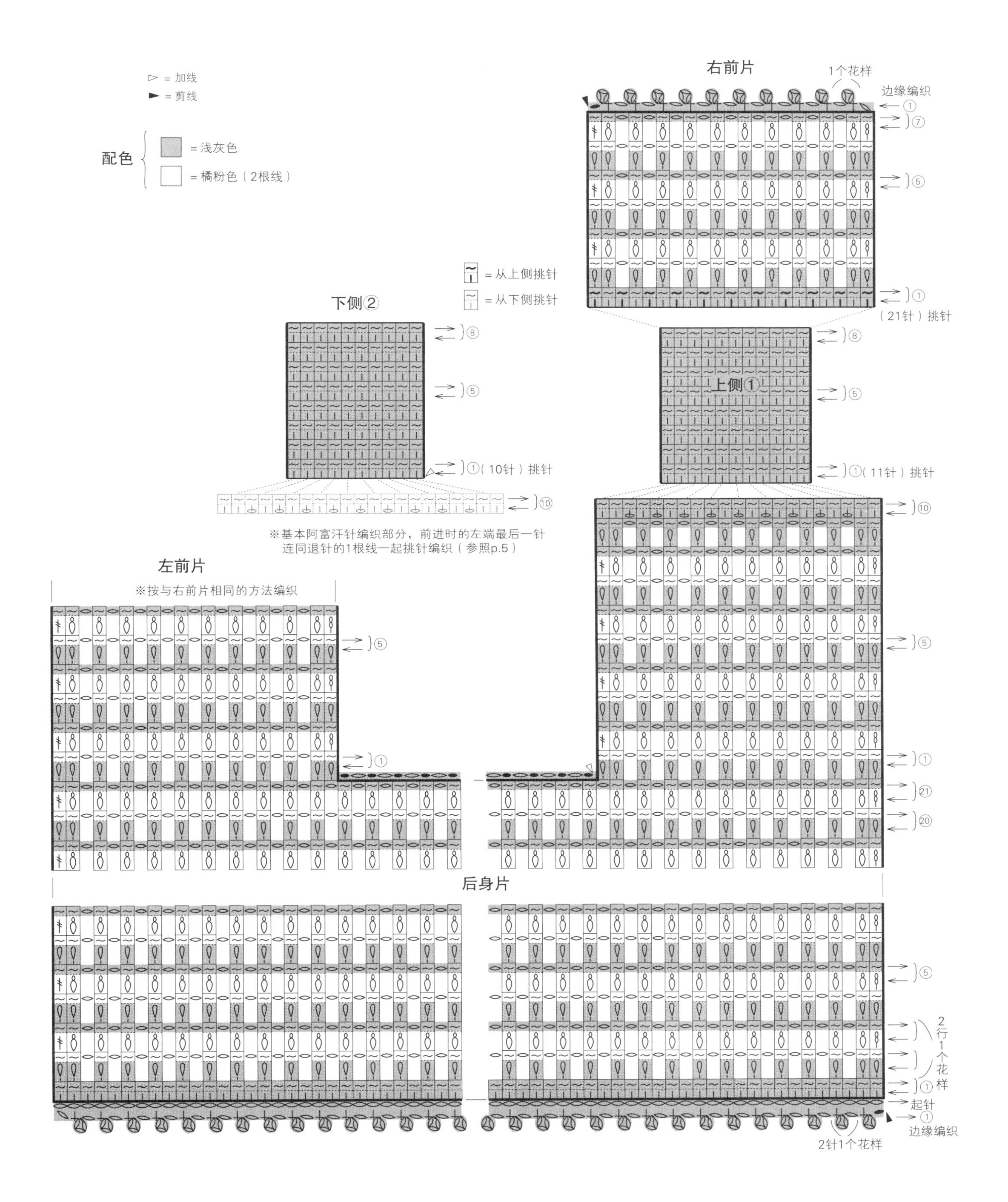
▷ = 加线
▶ = 剪线
配色
= 浅灰色
= 橘粉色（2根线）
右前片
1个花样
边缘编织
①
⑦
⑤
①
（21针）挑针
= 从上侧挑针
= 从下侧挑针
下侧②
⑧
⑤
①（10针）挑针
⑩
上侧①
⑧
⑤
①（11针）挑针
⑩
※基本阿富汗针编织部分，前进时的左端最后一针
连同退针的1根线一起挑针编织（参照p.5）
左前片
※按与右前片相同的方法编织
⑤
①
⑤
①
㉑
⑳
后身片
⑤
2行1个花样
①
起针
①
边缘编织
2针1个花样

柔软的围脖

p.12

材料

和麻纳卡 Sonomono Royal Alpaca 白色（141）45g，茶色（143）25g

工具

阿富汗针 10 号（5.1mm）

成品尺寸

颈围 64cm，宽 29cm

编织密度

10cm × 10cm 面积内：条纹花样 23 针，6.5 行

编织要点

用茶色线钩织 67 针锁针起针，参照图示编织条纹花样，每编织 1 行在织物的左端换线。结束时编织引拔针和锁针收针，然后与编织起点的锁针正面相对做引拔接合，连接成环形。

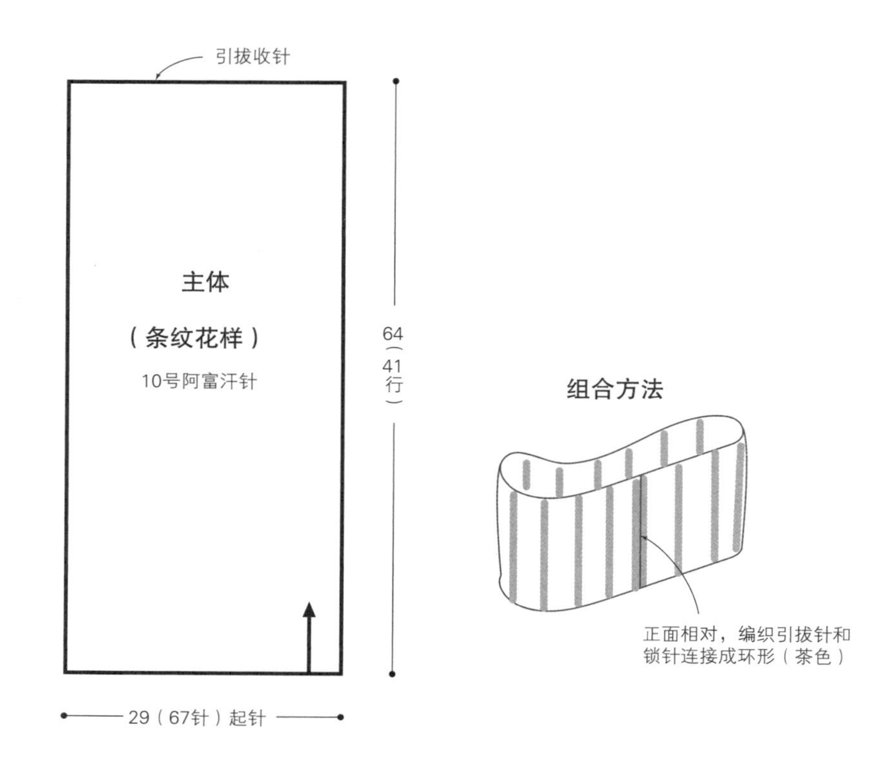

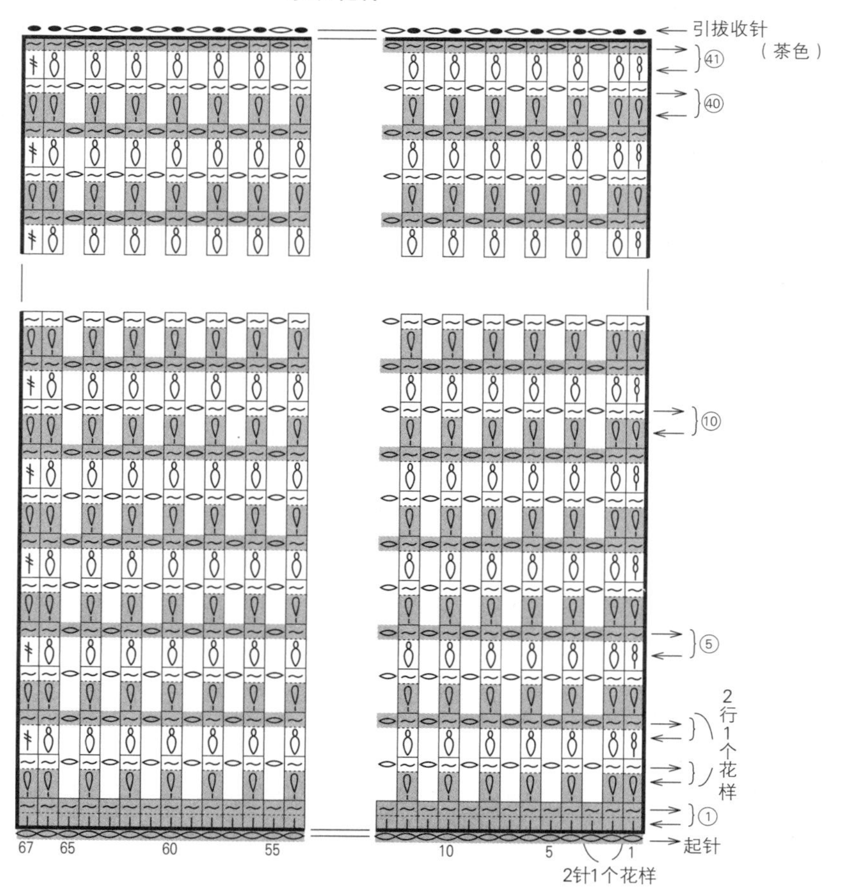

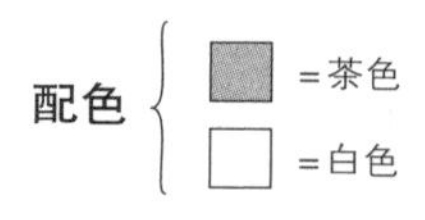

长围脖

p.16

材料

芭贝 Husky 粉红色 + 灰色段染（003）125g

工具

阿富汗针 10 号（5.1mm）

成品尺寸

长 140cm，宽 20cm

编织密度

花片的大小：10cm×10cm

编织要点

钩织 254 针锁针起针，挑取 33 针编织花片 1。从编织终点的左边挑取 16 针，从起针的锁针上挑取 17 针，编织花片 2。按相同要领编织至花片 14，将线剪断。在花片 1 上加入新线，钩织 17 针锁针起针，编织花片 15。从相邻花片上挑针继续编织花片 16~28。将织物正面相对做引拔接合，连接成环形。

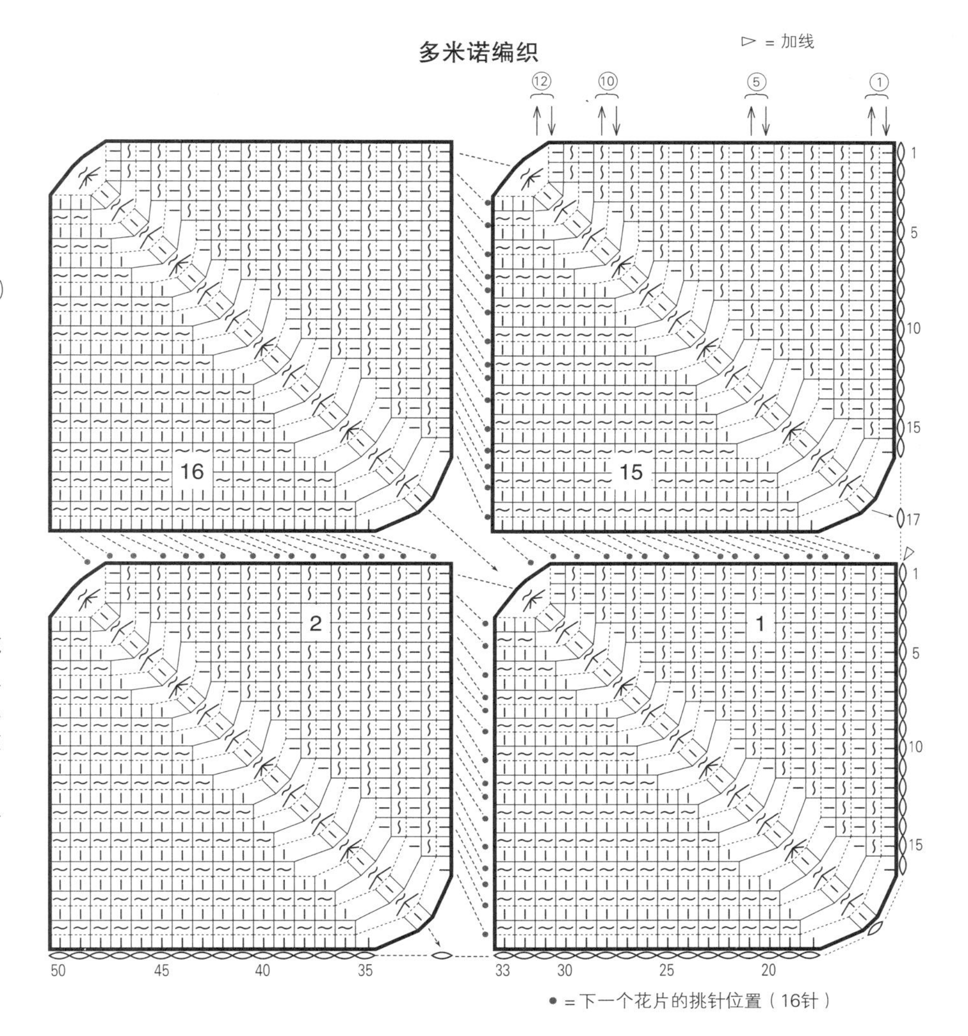

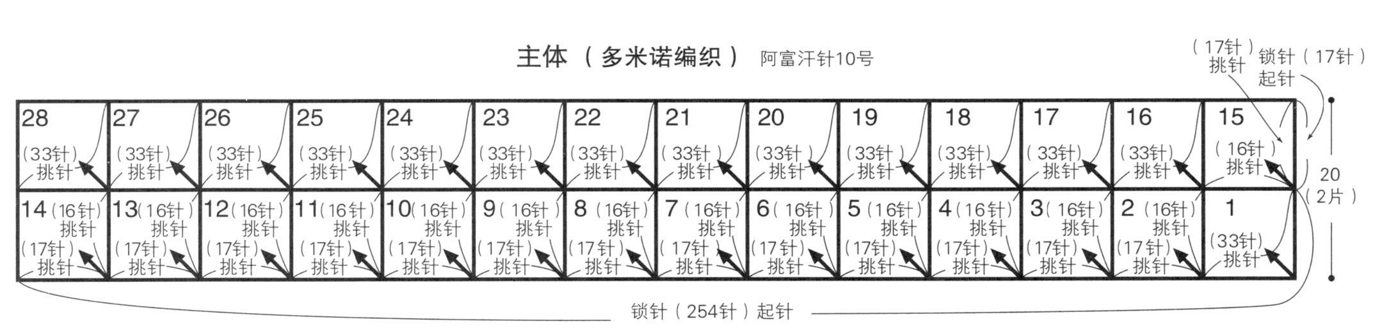

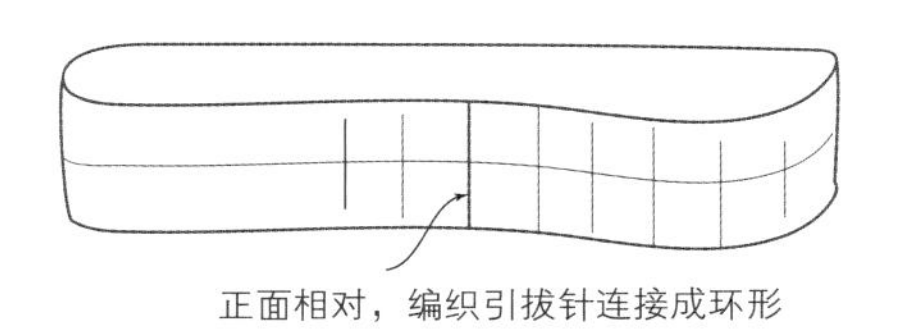

E

贝雷帽

p.17

材料

芭贝 British Fine 沙米色（040）40g，白色（001）少量

工具

阿富汗针 8 号（4.5mm），钩针 7/0 号

成品尺寸

头围 50cm，帽深 19cm

编织密度

花片的大小：8cm×8cm

编织要点

钩织 50 针锁针起针，从花片 1 开始按数字顺序一边编织一边做连接。花片 3 和 7 钩织指定针数的另线锁针起针，然后挑针编织。编织至花片 10 后将线剪断，接着加入新线，挑针编织花片 11。用钩针钩织边缘。再用白色线和钩针钩织 9 个小绒球，固定在帽顶的指定位置。

帽顶（多米诺编织）

8号阿富汗针　沙米色

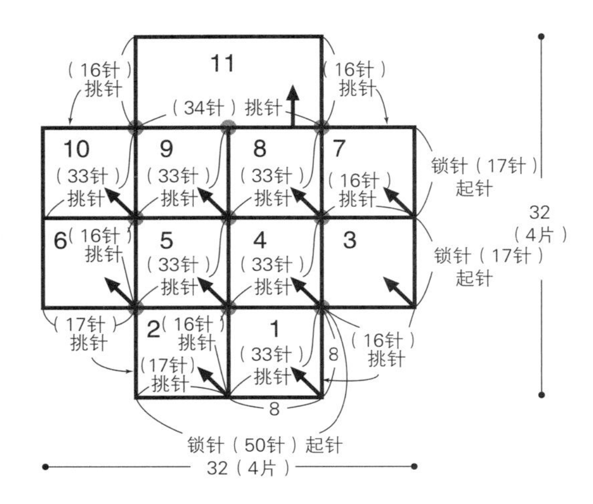

● = 固定小绒球的位置

边缘编织

7/0号钩针　沙米色

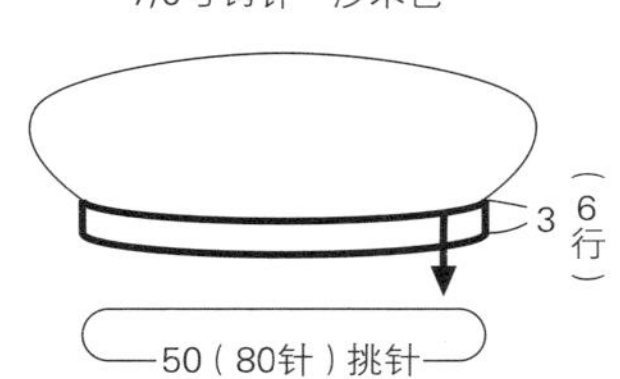

小绒球

7/0号钩针　白色　9个

编织起点和编织终点分别留出10cm左右的线头，穿入织物后，在反面打结固定

边缘编织

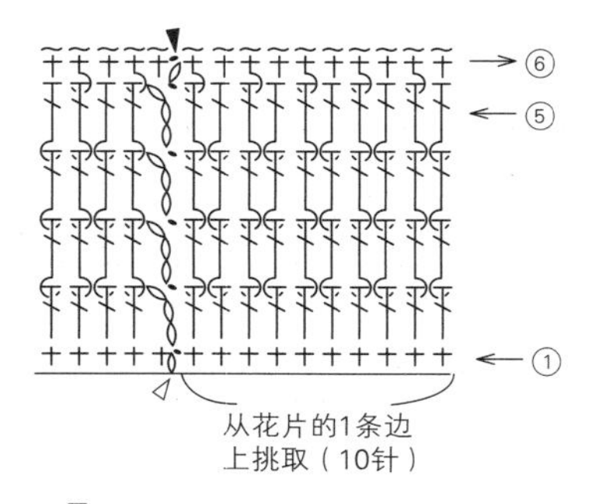

= 长针的正拉针

= 长针的反拉针

= 反短针

= 反短针的正拉针

花片

⑫ ⑩ ⑤ ① 起针

1 5 10 15

33 30 25 20

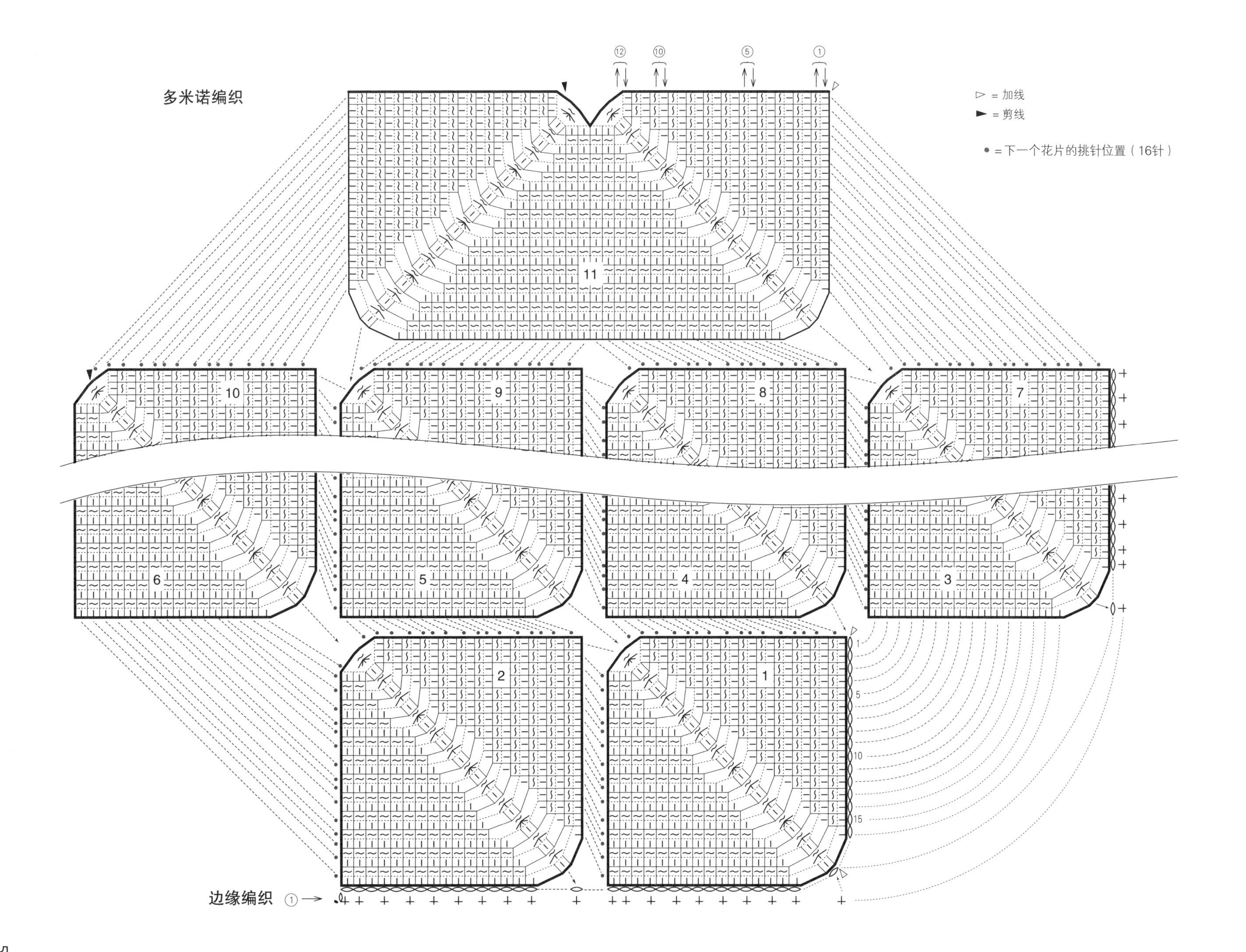
多米诺编织
⑫
⑩
⑤
①
▷ = 加线
▶ = 剪线
• = 下一个花片的挑针位置（16针）
11
10
9
8
7
6
5
4
3
2
1
1
5
10
15
边缘编织 ①

F

披肩式上衣
p.20

材料
和麻纳卡 Dina 橘色和绿色系段染（3）120g，Airyna 嫩绿色（5）65g

工具
阿富汗针 8 号（4.5mm），钩针 6/0 号

成品尺寸
连肩袖长 52cm，衣长 41.5cm

编织密度
10cm×10cm 面积内：条纹花样 18 针，14.5 行

编织要点
用嫩绿色线钩织 183 针锁针起针，参照图示编织 58 行条纹花样。编织结束时做引拔收针。对齐相同标记处做挑针缝合。袖口、领口和下摆分别用钩针环形钩织边缘。

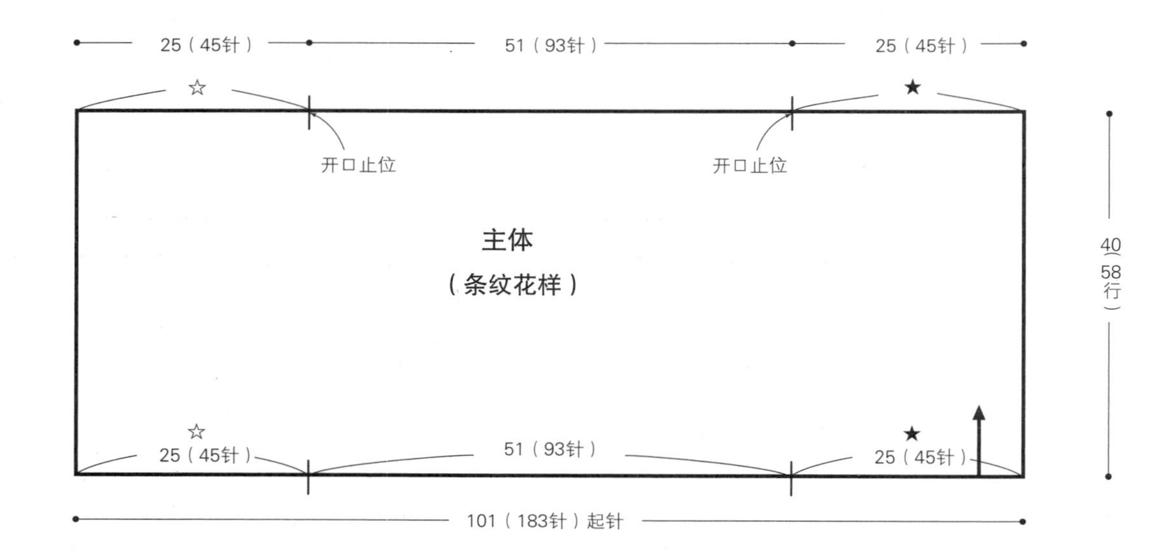

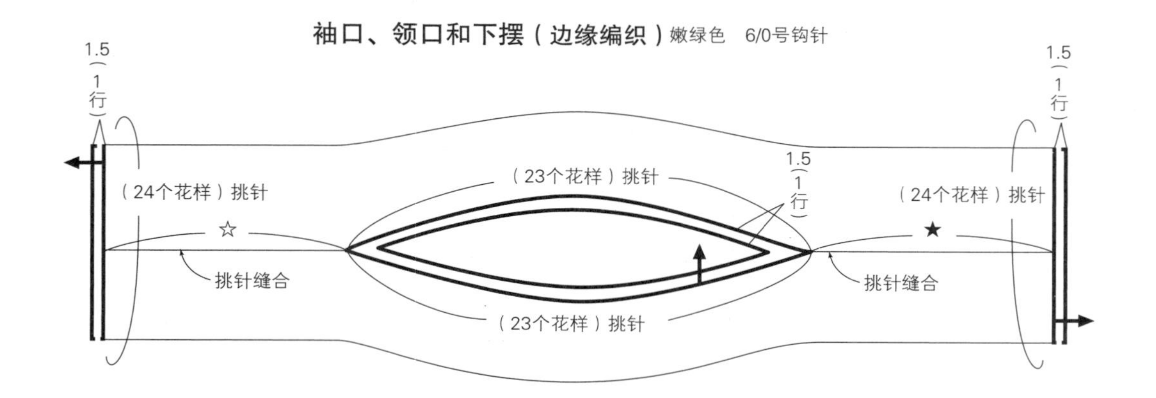

条纹花样

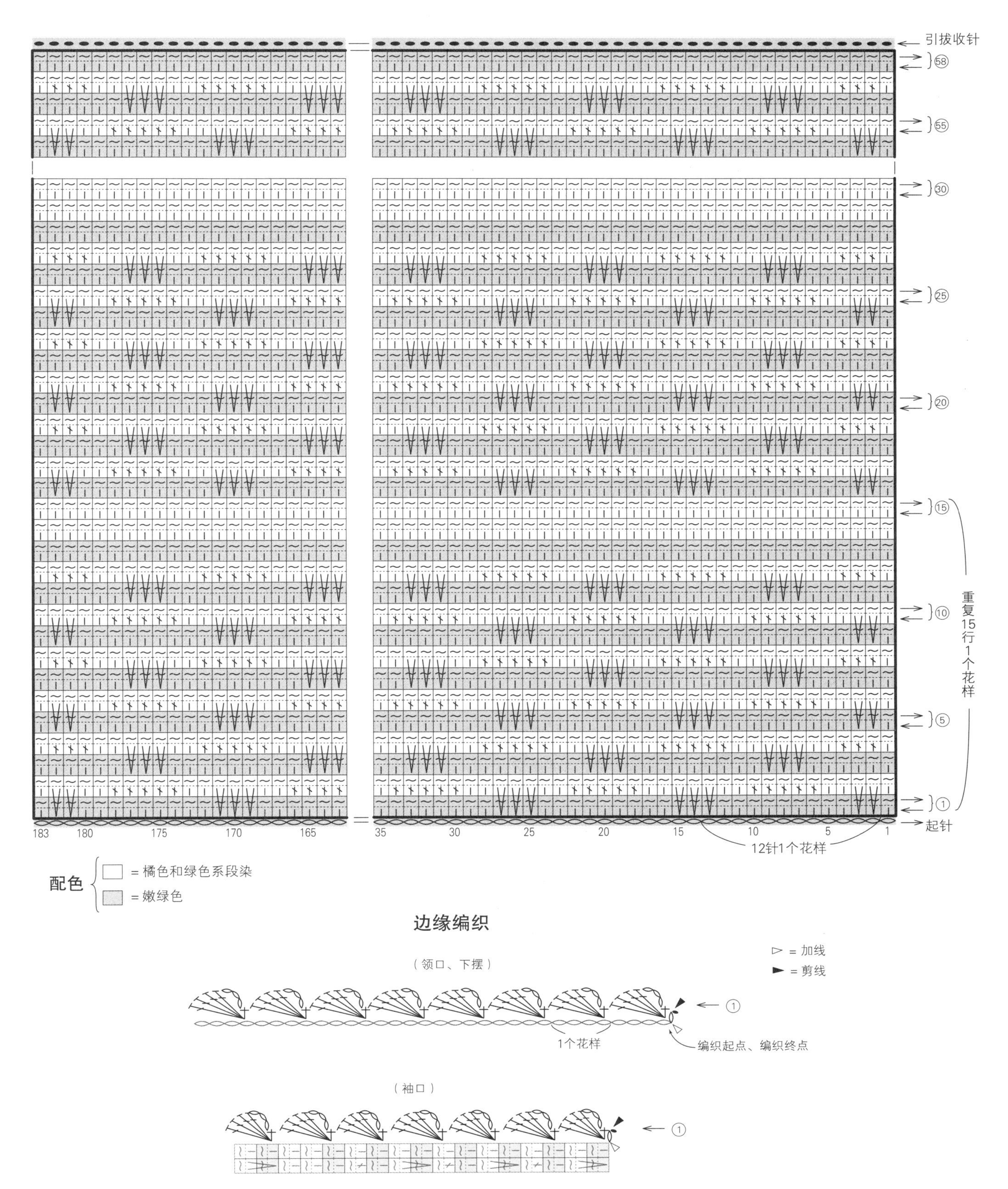

引拔收针
58
55
30
25
20
15
10
5
1
起针
重复15行1个花样
183
180
175
170
165
35
30
25
20
15
10
5
1
12针1个花样
配色
= 橘色和绿色系段染
= 嫩绿色
边缘编织
（领口、下摆）
= 加线
= 剪线
1
1个花样
编织起点、编织终点
（袖口）
1

贝壳针三角形披肩
p.22

材料
和麻纳卡 Sonomono Hairy 沙米色（122）140g

工具
阿富汗针 8 号（4.5mm）、12 号（5.7mm）

成品尺寸
长 151cm，宽 49.5cm

编织密度
10cm×10cm 面积内：编织花样 21 针，8 行

编织要点
用 12 号阿富汗针钩织 315 针锁针起针。换成 8 号阿富汗针，按编织花样做加针的引返编织。编织结束时做引拔收针，接着在起针的锁针上编织 1 行引拔针。

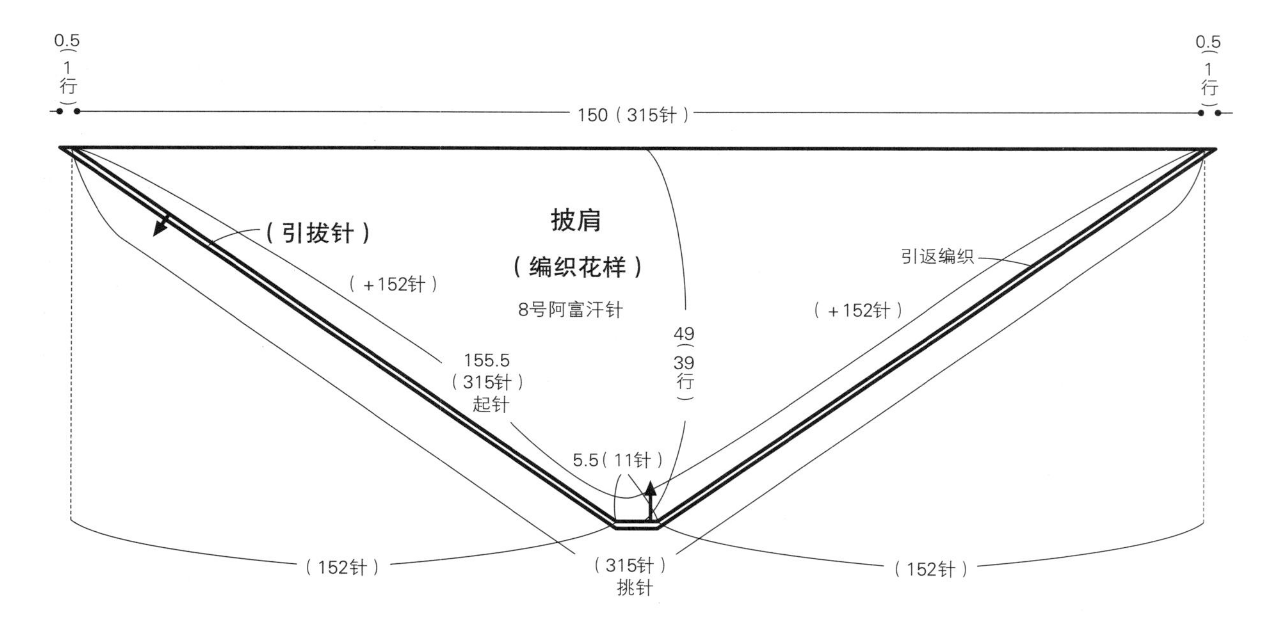

※用12号阿富汗针起针

编织花样

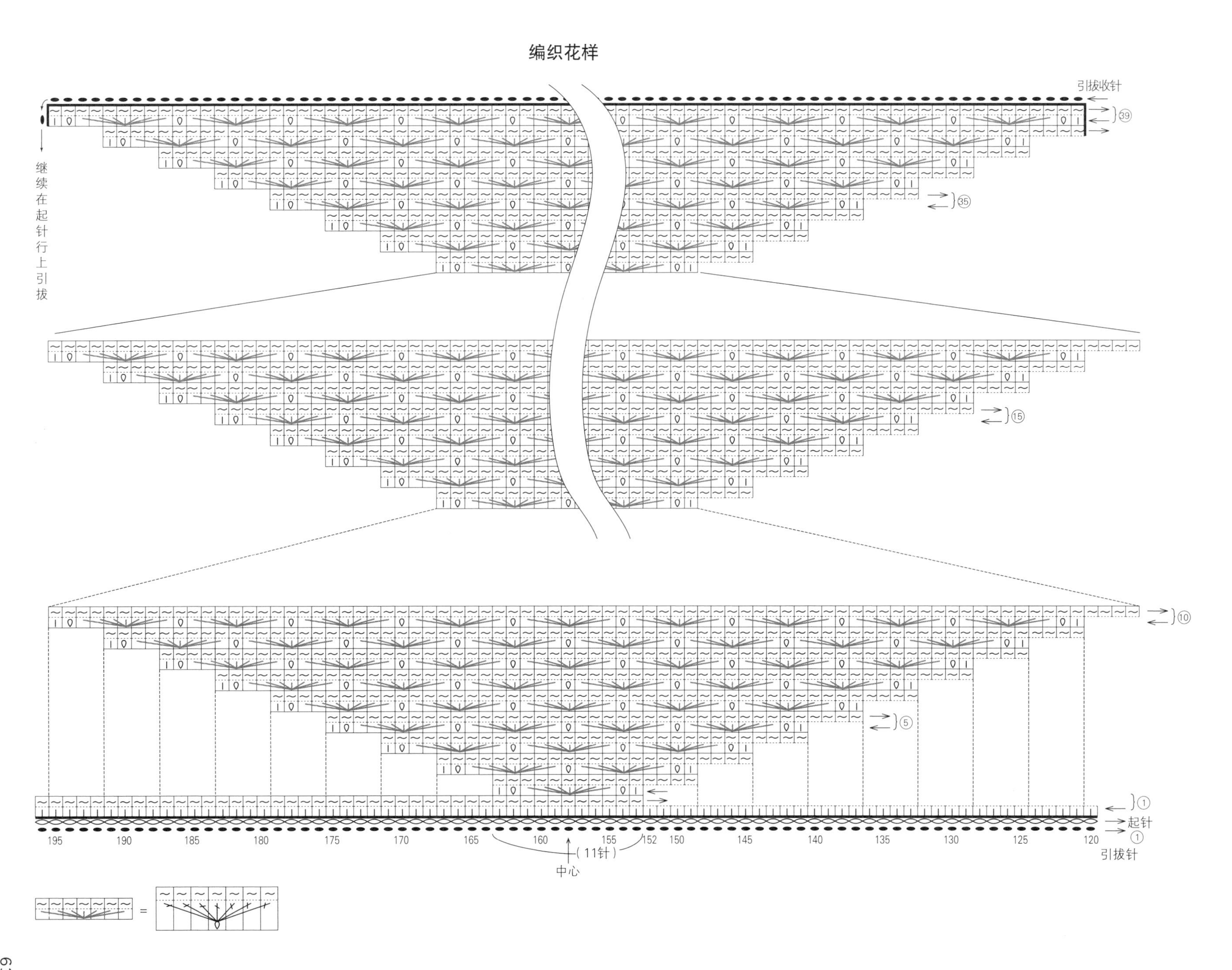
引拔收针
39
35
15
10
5
1
起针
1
引拔针
继续在起针行上引拔
195
190
185
180
175
170
165
160
155
152
150
145
140
135
130
125
120
(11针)
中心
=

带流苏的露指手套
p.23

材料

芭贝 Lecce 红色系段染（411）50g，Puppy New 4PLY 白色（402）10g

工具

阿富汗针 8 号（4.5mm）、6 号（3.9mm），钩针 6/0 号

成品尺寸

掌围 20cm，长 25cm（不含流苏）

编织密度

10cm × 10cm 面积内：编织花样 A、条纹花样均为 25.5 针，10 行

编织要点

用 8 号阿富汗针钩织 51 针锁针起针。换成 6 号阿富汗针，按编织花样 A 开始做加针的引返编织。编织结束时，用红色系段染线做引拔收针。将织物对折，留出拇指孔做挑针缝合。拇指部分用钩针按编织花样 B 做 7 行环形的往返编织。制作流苏，缝在图示位置。

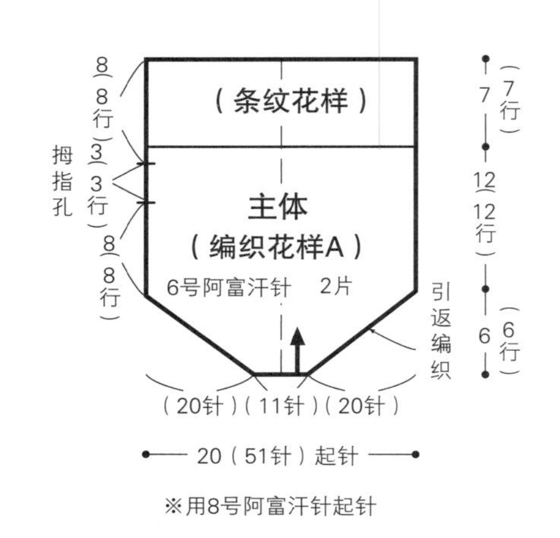

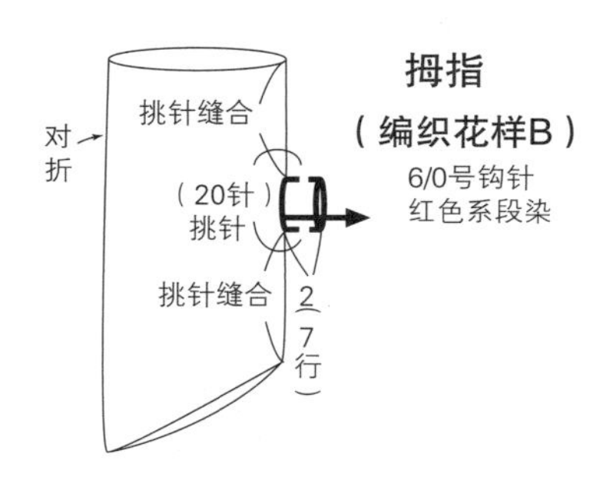

组合方法

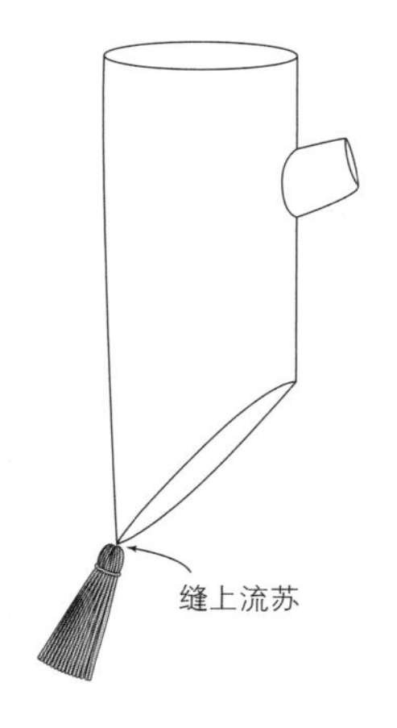

流苏的制作方法

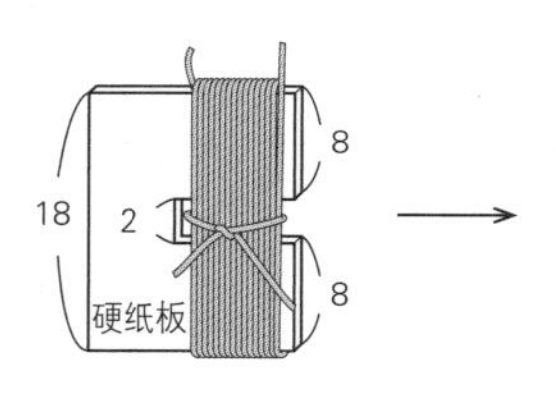

取红色系段染线3根和白色线1根（共4根线），如图所示在硬纸板上缠绕8圈，在中间用线扎紧后从硬纸板上取下线圈

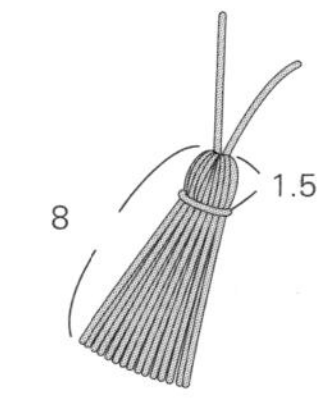

在距离上端1.5cm处扎紧，将线头修剪整齐

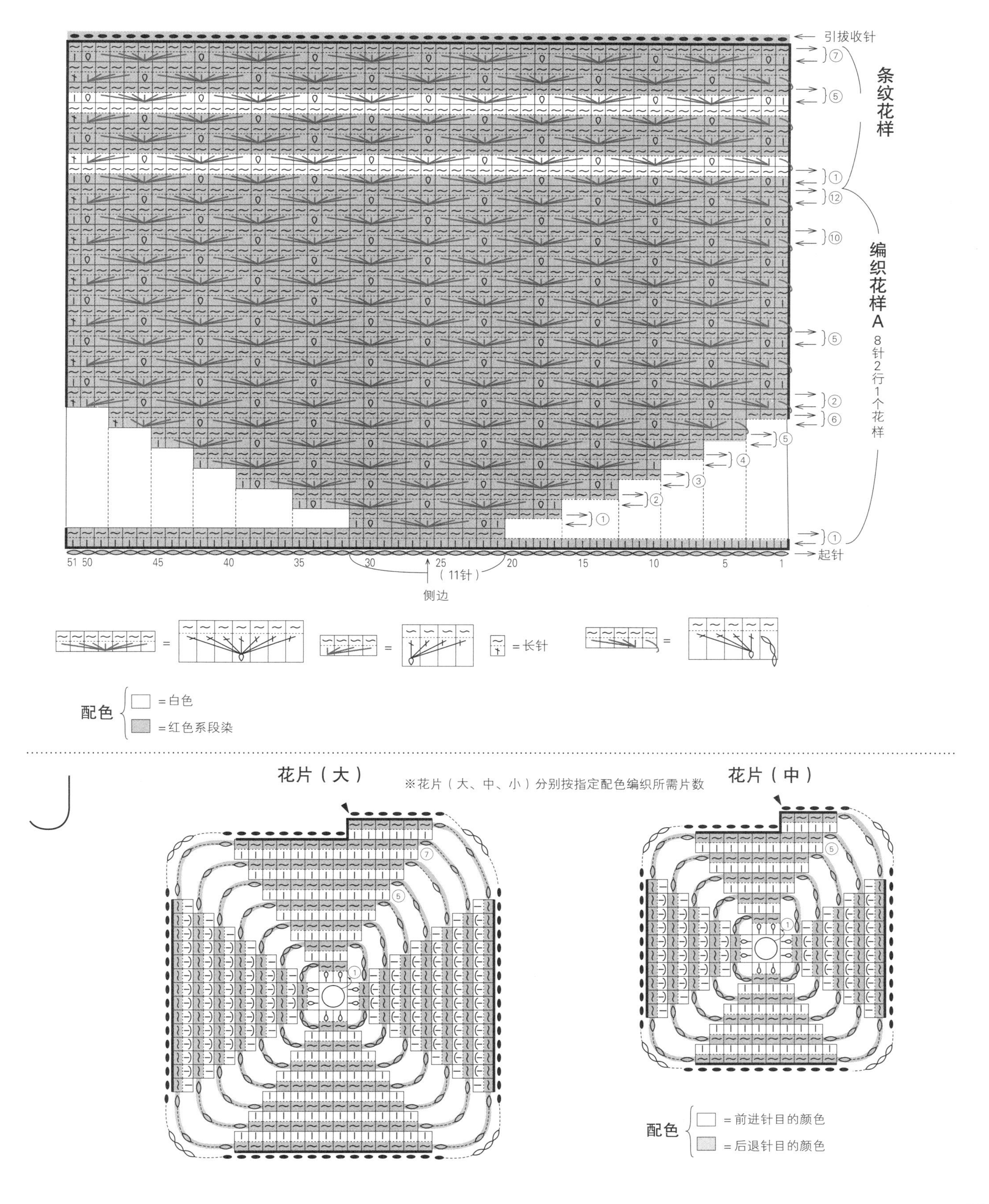

引拔收针
条纹花样
编织花样A
8针2行1个花样
起针
51 50
45
40
35
30
25
20
15
10
5
1
(11针)
侧边
=长针
配色
=白色
=红色系段染
花片(大)
※花片(大、中、小)分别按指定配色编织所需片数
花片(中)
配色
=前进针目的颜色
=后退针目的颜色

拼布风围巾
p.26

材料

芭贝 Queen Anny 米色（812）85g，橘色（103）、绿色（935）各25g，浅橘色（988）、黄色（934）各20g

工具

双头阿富汗针 10 号（5.1mm）

成品尺寸

长 140cm，宽 21cm

编织密度

花片（大）约：11cm×11cm；花片（中）约：8cm×8cm；花片（小）约：6cm×6cm

编织要点

用孔斯特起针法起针，按表格中的配色编织所需片数的花片（大、中、小）。参照花片排列图，用半针的卷针缝缝合各个花片。

花片（大）

10片

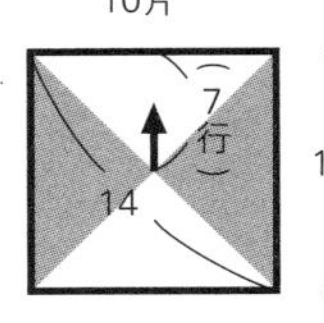

花片（中）

9片

※全部使用10号阿富汗针编织

花片（小）

9片

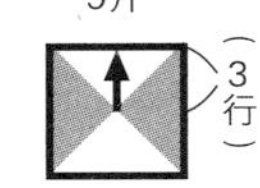

花片的配色和片数

花片	前进针目	后退针目	大的片数	中的片数	小的片数
a	绿色	米色	2片	1片	1片
b	米色	黄色	1片	1片	1片
c	米色	橘色	2片	1片	2片
d	浅橘色	米色	1片	1片	1片
e	黄色	米色	1片	1片	1片
f	米色	绿色	1片	1片	1片
g	米色	浅橘色	1片	1片	1片
h	橘色	米色	1片	2片	1片

花片的排列图

大h
小f 中a
大g
中b 小e
大f
小h 中c
大e
中d 小g
大c
小b 中e
大a
中h 小c
大d
小a 中f
大c
中g 小d
大b
小c 中h
大a

140

21

组合方法

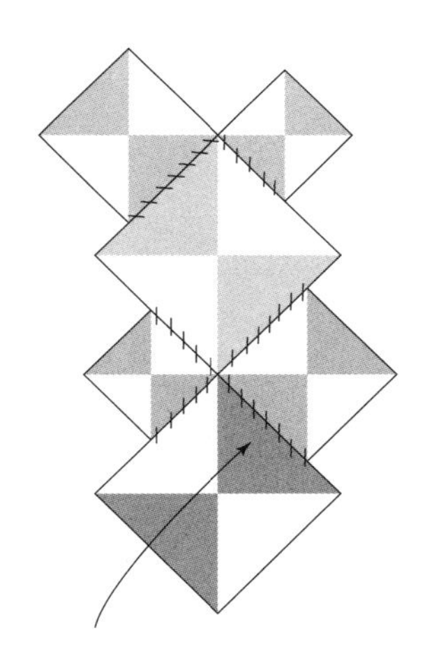

按照排列图用半针的卷针缝缝合花片

花片（小）

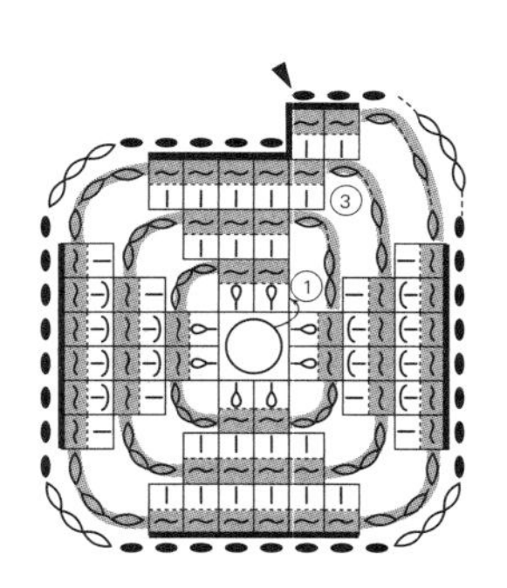

配色 □ =前进针目的颜色
▨ =后退针目的颜色

◀ 花片（大、中）的编织方法请参照p.65

三色托特包

p.21

材料

和麻纳卡 Amerry 深红色（5）、深蓝色（17）、灰绿色（48）各 35g；2.5cm 宽的天鹅绒缎带（深藏青色）80cm

工具

阿富汗针 4~5 号（3.5mm）

成品尺寸

宽 26cm，深 27.5cm（不含提手）

编织密度

10cm × 10cm 面积内：条纹花样 21.5 针，15 行

编织要点

用深蓝色线钩织 99 针锁针起针，参照图示编织 39 行条纹花样。编织结束时做引拔收针。接着从行上挑取包口的针目，按反针条纹花样编织 9 行，结束时做引拔收针。将织物对折，在侧边做卷针缝缝合和挑针缝合。最后将提手的天鹅绒缎带用藏针缝缝在指定位置。

引拔收针
包口
（反针条纹花样）
引拔收针
23.5（50针）挑针
4.5 9行
主体
（条纹花样）
翻折（底部）
46（99针）起针
26 39行
23.5（50针）挑针
包口
引拔收针
（反针条纹花样）
4.5 9行

条纹花样

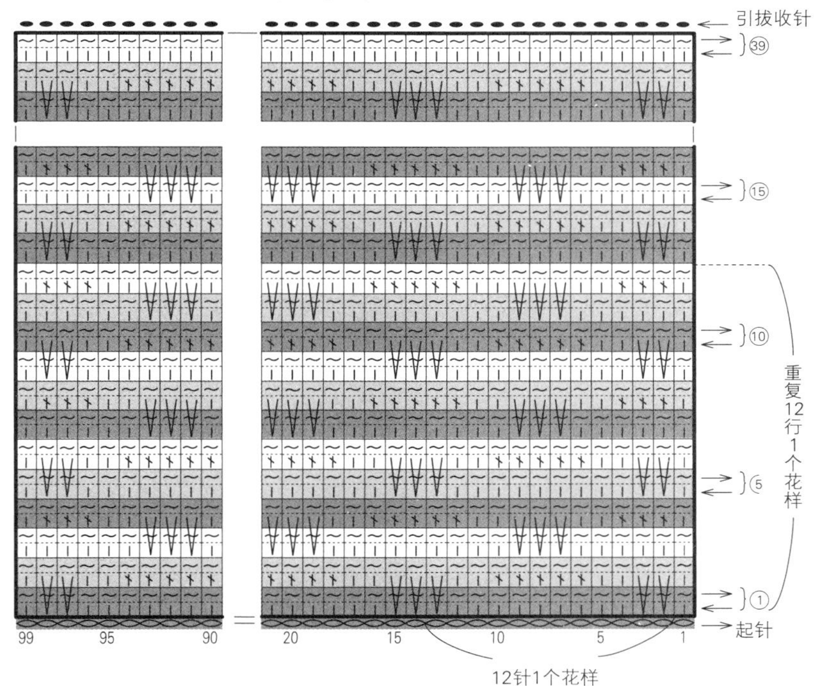

反针条纹花样

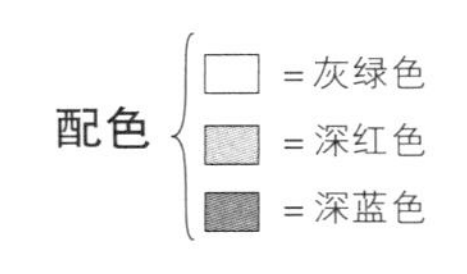

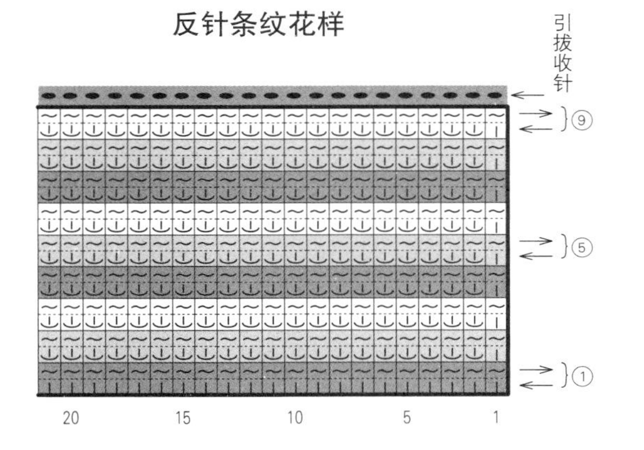

组合方法

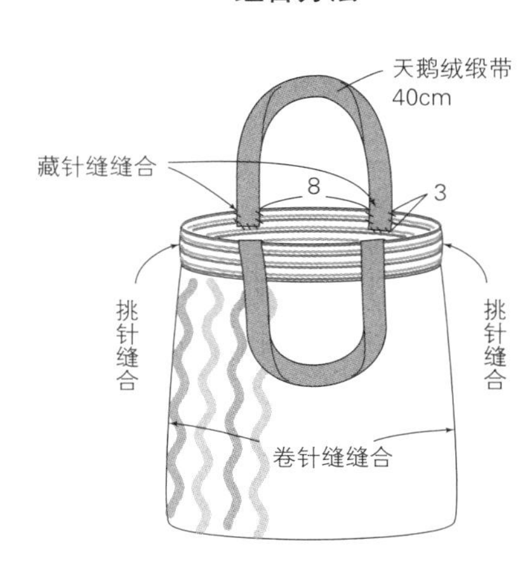

拼接式单肩包

p.27

材料

芭贝 British Eroika 深紫色（183）80g，浅紫色（188）50g

工具

双头阿富汗针 12 号（5.7mm），钩针 8/0 号

成品尺寸

宽 25cm，深 25.5cm（不含肩带）

编织密度

花片 A 约：18.5cm×18.5cm；花片 B 约：13cm×13cm

编织要点

用孔斯特起针法起针，编织所需片数的花片 A 和 B。参照排列图，用半针的卷针缝缝合各个花片。钩织 1 行短针的边缘，纽襻部分钩织锁针。最后编织纽扣和肩带，缝合固定。

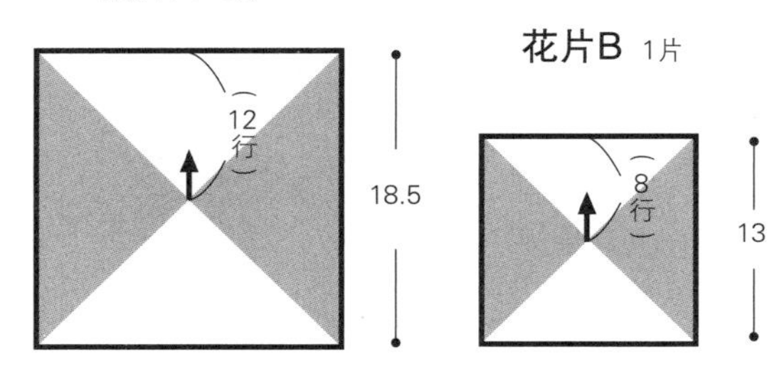

※除特别指定外，均使用12号阿富汗针编织

主体 花片的排列图

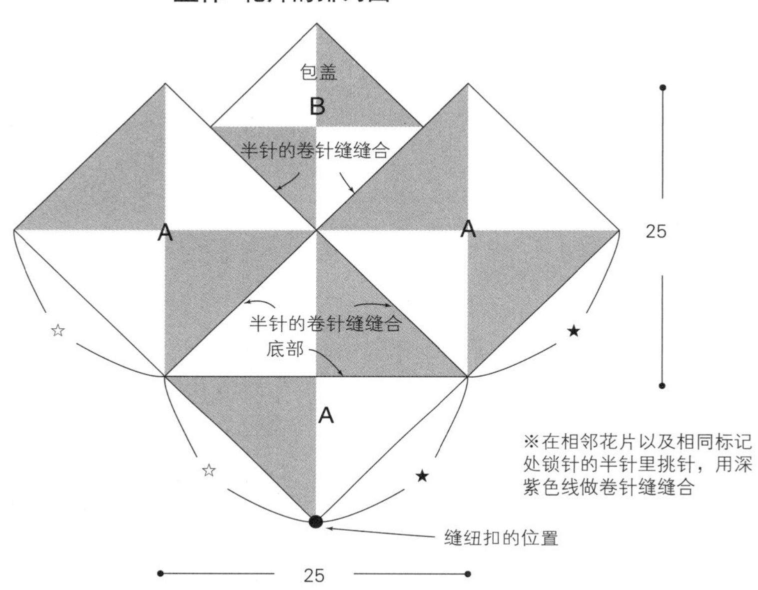

组合方法

肩带

2

藏针缝缝合

纽扣

肩带

（编织花样）深紫色

95（120行）

2.5（4针）起针

编织花样

（肩带）

引拔收针

⑫⓪ ⑩ ⑤ ①

重复2行1个花样

起针

4 3 2 1

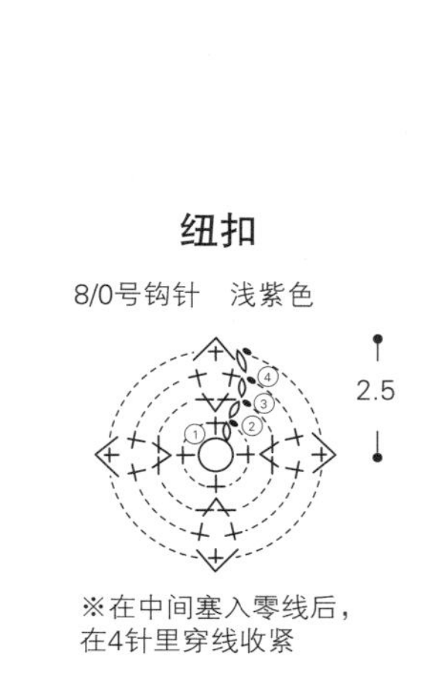

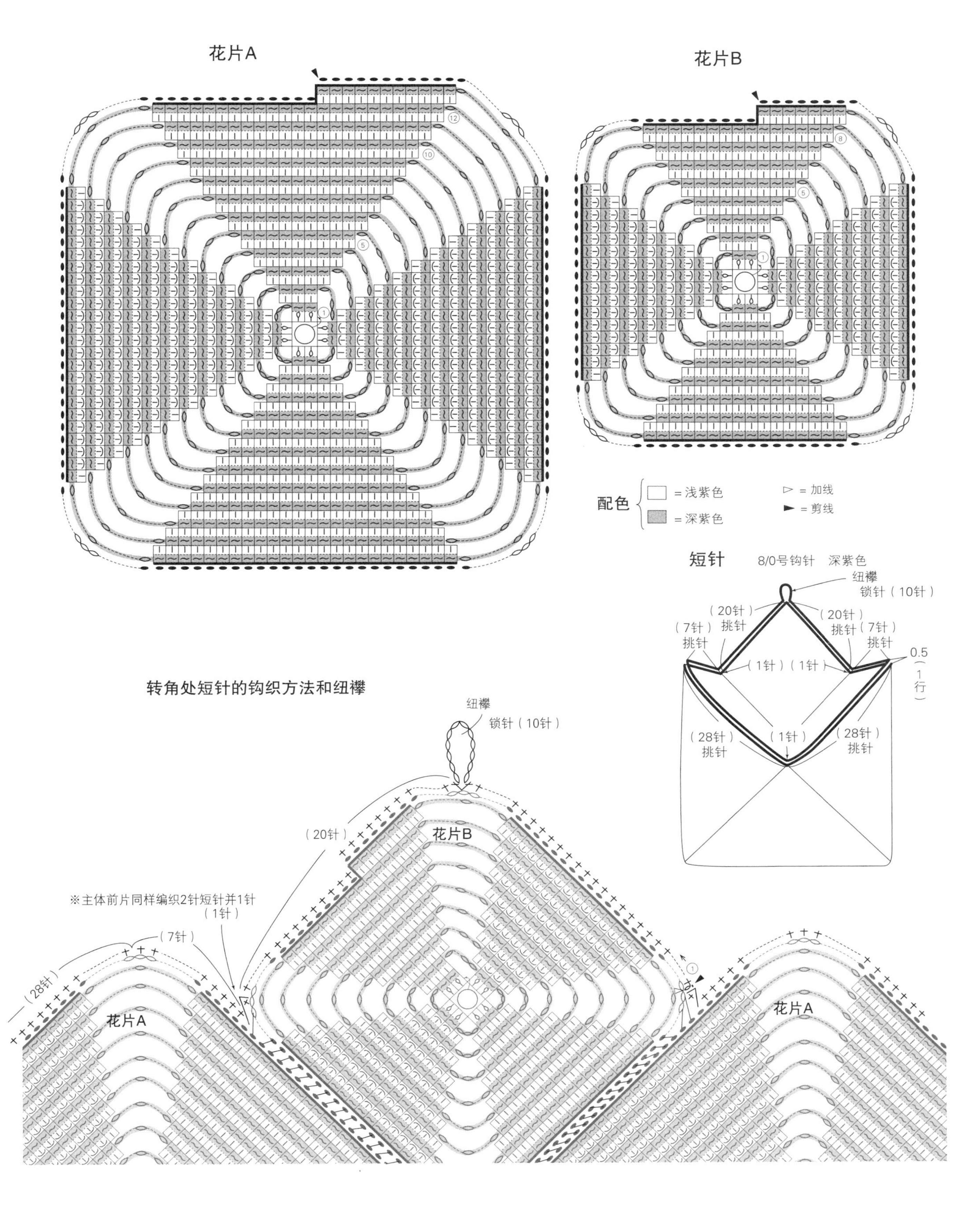
花片A
花片B
配色
= 浅紫色
= 深紫色
▷ = 加线
► = 剪线
短针
8/0号钩针 深紫色
纽襻
锁针（10针）
（20针）挑针
（7针）挑针
（1针）
（28针）挑针
0.5（1行）
转角处短针的钩织方法和纽襻
※主体前片同样编织2针短针并1针

L

色彩张扬的围脖
p.30

材料

芭贝 Multico 红色 + 绿色的段染（576）
120g；直径 27mm 的纽扣 2 颗

工具

阿富汗针 12 号（5.7mm）

成品尺寸

长 87cm，宽 18cm

编织密度

10cm × 10cm 面积内：编织花样 16.5 针，15.5 行

编织要点

钩织 30 针锁针起针，注意起针的锁针要稍微松一点。一边做加针的引返编织，一边按编织花样编织。结束时做引拔收针。上下两端在锁针的后侧半针里挑针编织 1 行引拔针整理形状。

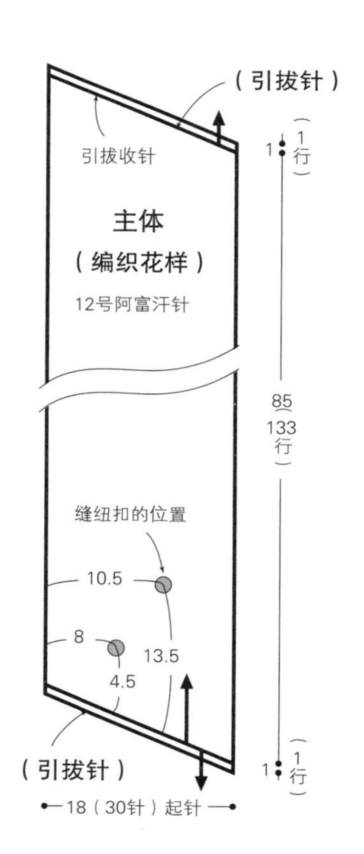

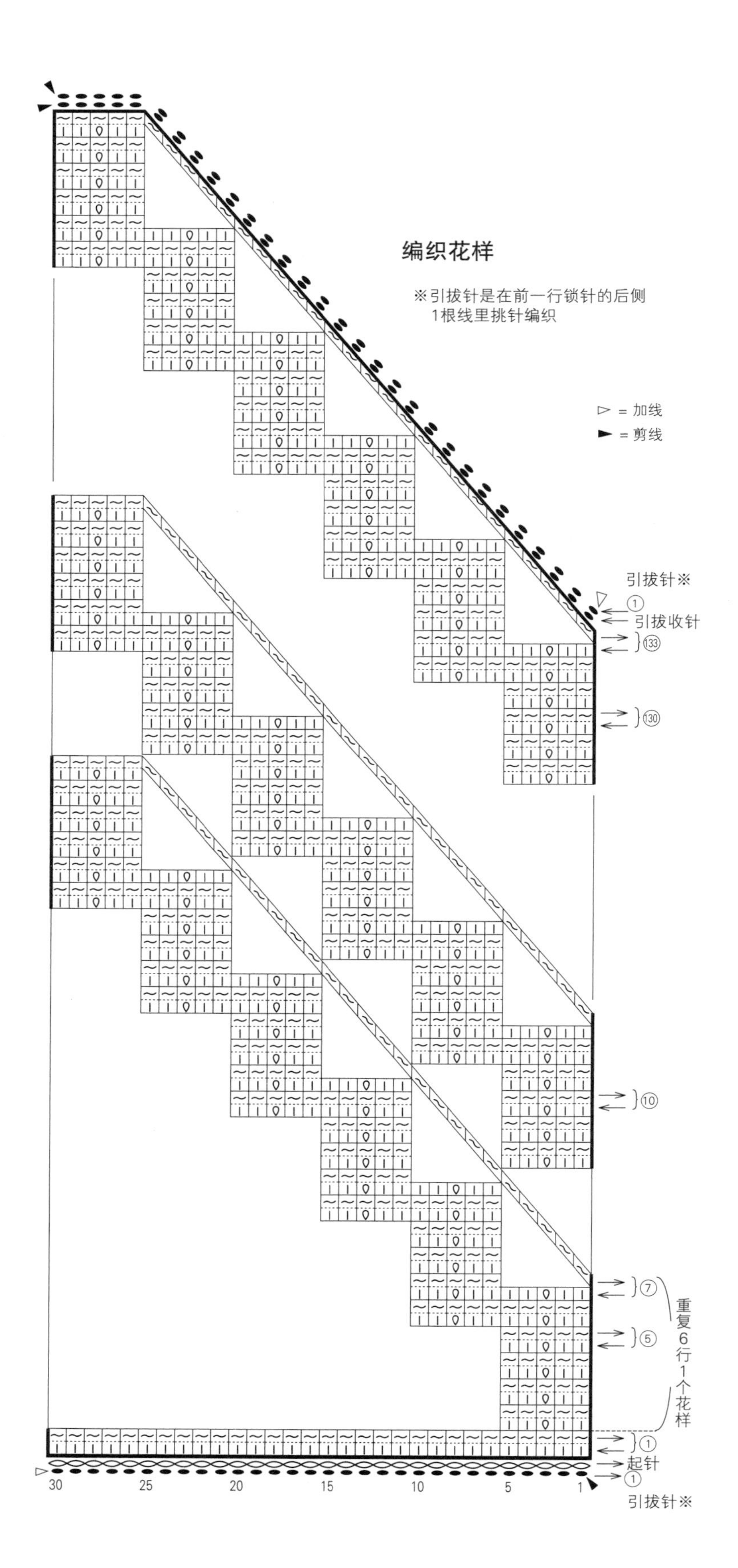

棉线长围巾
p.34

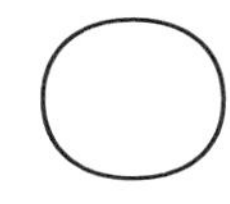

亲肤大披肩
p.35

材料

N　和麻纳卡 Wash Cotton <Crochet> 米白色（102）270g

○　和麻纳卡 Sonomono Alpaca Wool < 中粗 > 灰色（65）265g

工具

N　阿富汗针 8 号（4.5mm）

○　阿富汗针 12 号（5.7mm）

成品尺寸

N　长 150cm，宽 38cm

○　长 133cm，宽 35cm

编织密度

N　10cm×10cm 面积内：编织花样 27 针，16 行

○　10cm×10cm 面积内：编织花样 18 针，11 行

编织要点

钩织锁针起针后，按编织花样编织指定行数。编织结束时，一边按编织花样继续编织，一边做引拔收针。

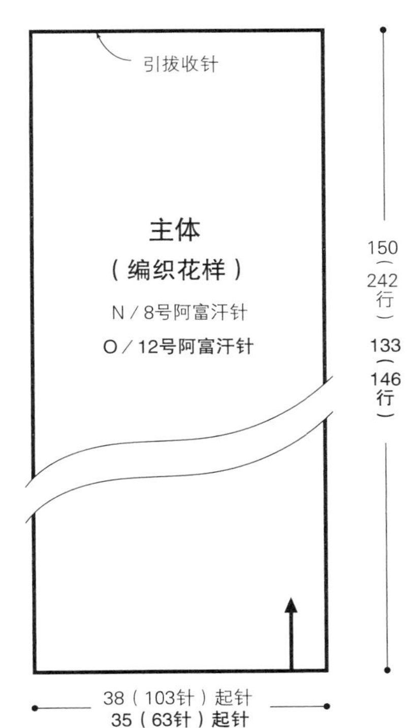

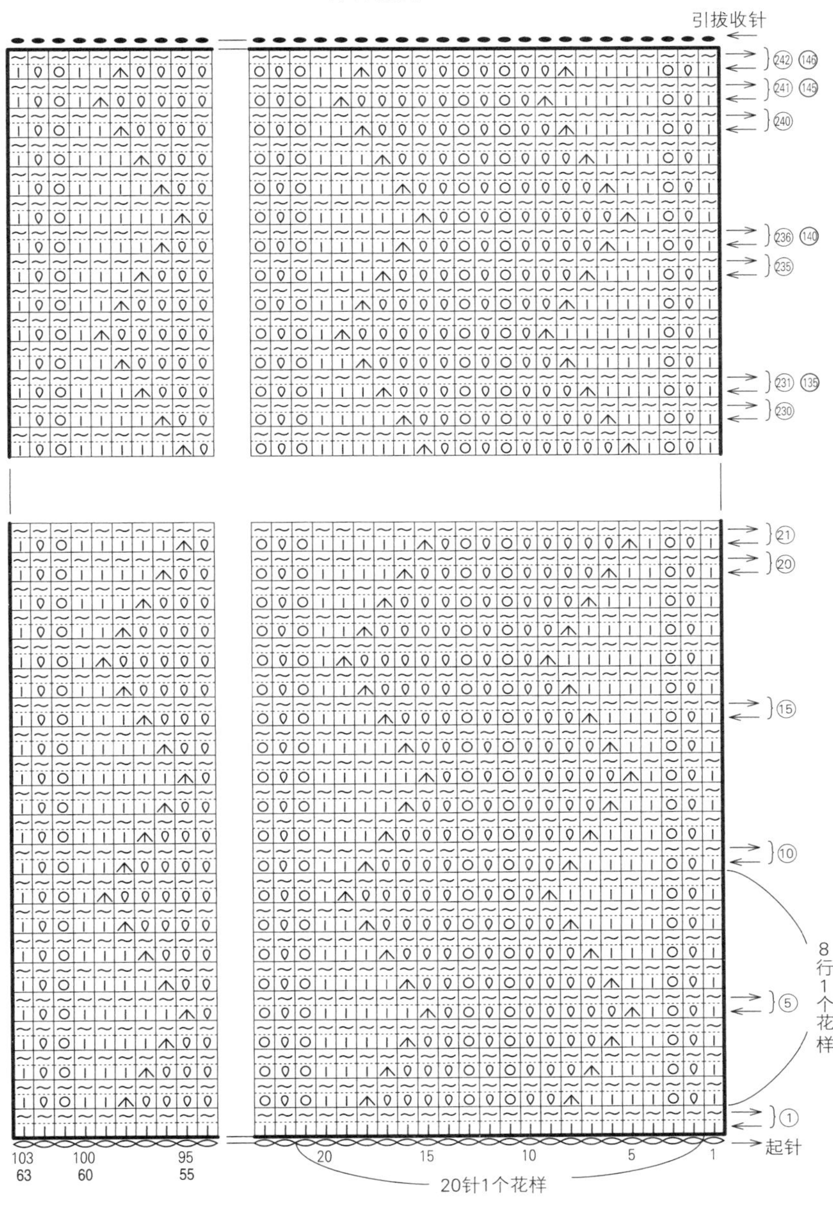

简约风背心
p.31

材料
芭贝 Julika Mohair 灰色（312）70g，粉红色（303）、苔绿色（305）各45g，米色（302）40g，黄色（306）30g

工具
阿富汗针13号（6.00mm），钩针9/0号

成品尺寸
胸围88cm，衣长51cm

编织密度
10cm×10cm面积内：条纹花样13.5针，15行

编织要点
钩织30针锁针起针。参照图示，左、右身片均做加针的引返编织，并在织物的左端换色编织。左端在竖针以及后面连接退针的线（共2根线）里挑针编织。编织结束时，做引拔收针后将线剪断。看着编织终点和编织起点的正面，分别在锁针后侧的1根线里挑针钩织引拔针。用钩针钩织4颗纽扣，2颗为1组钩织锁针连接在一起。再钩织锁针的细绳，利用花样的空隙穿入胁部做连接。最后在前、后身片穿入纽扣。

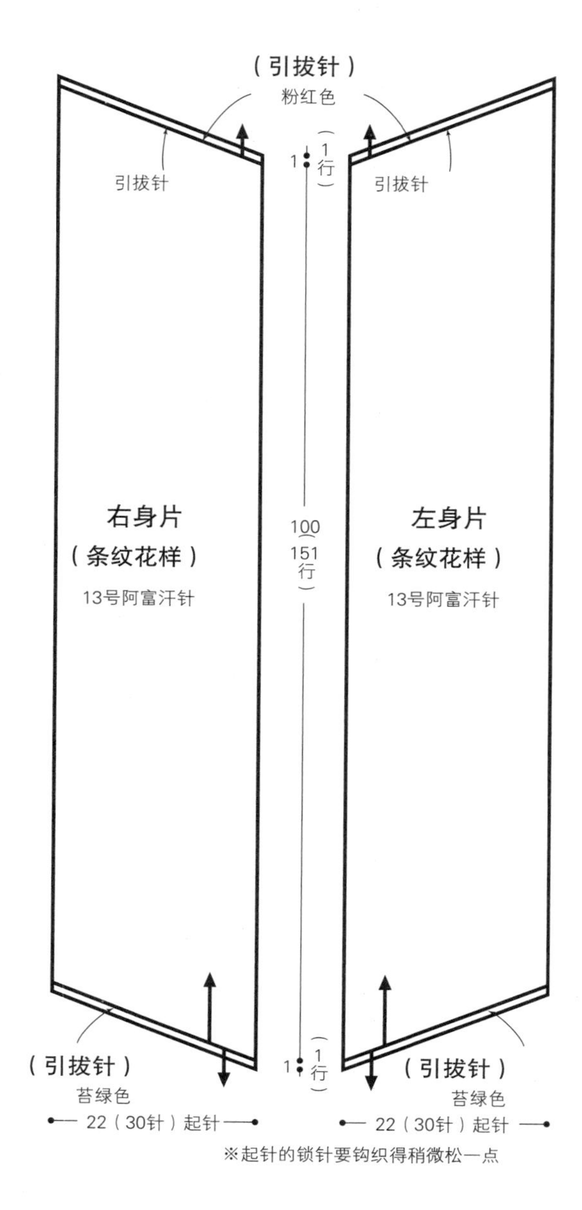

※起针的锁针要钩织得稍微松一点

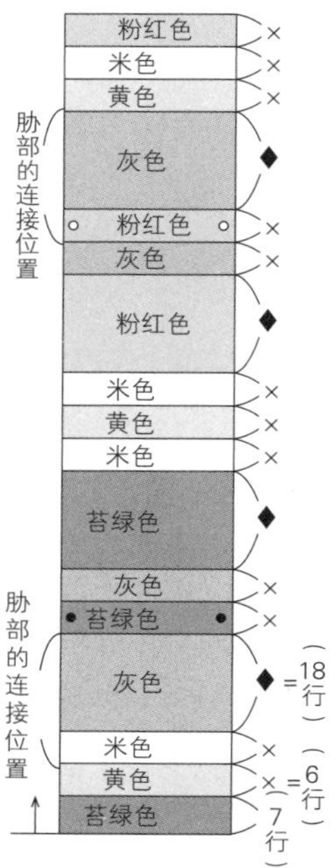

○ = 穿入纽扣的位置（后片）
● = 穿入纽扣的位置（前片）

※每种颜色的条纹均在最后一行的后退编织时换色（左端）

右胁部的连接方法

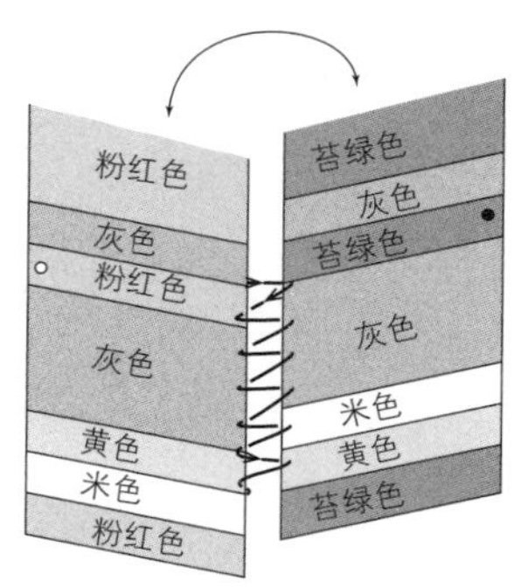

将身片对折，
在胁部的花样空隙中穿入锁针细绳连接，
将锁针细绳的末端缝在身片上。
左胁部对称地穿入细绳做连接

纽扣

9/0号钩针　黄色2颗
米色2颗

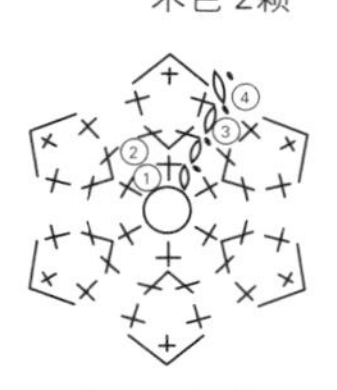

※将反面用作正面，
钩织结束时塞入零线，
在6针里穿线收紧

纽扣的组合方法

9/0号钩针　黄色、米色　各制作1组

连接胁部的锁针细绳

9/0号钩针　米色　2根

①
（96针）起针

条纹花样

※引拔针是在前一行锁针的后侧1根线里挑针钩织

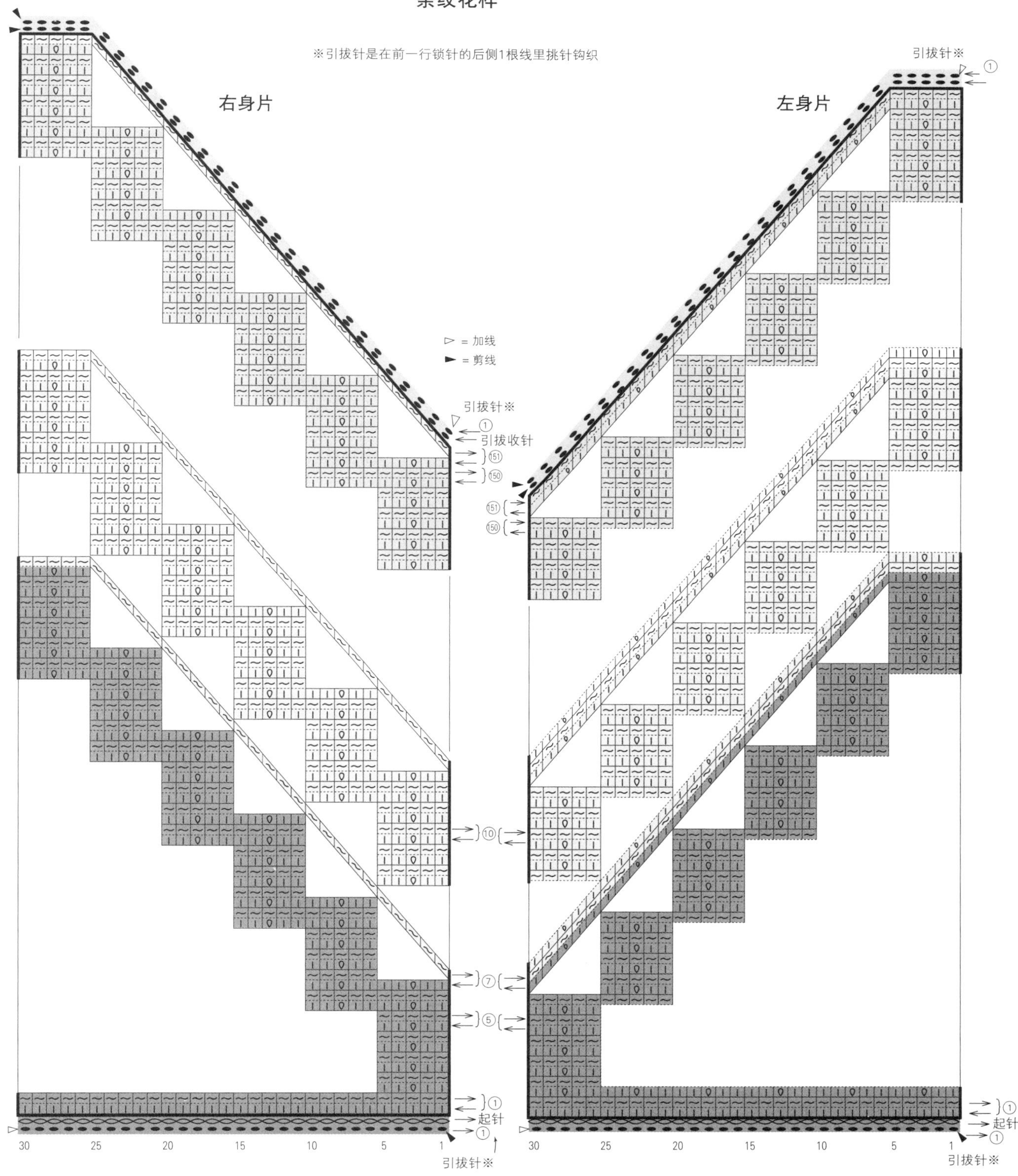

复古风斜挎包
p.36

材料

芭贝 Queen Anny 原白色（869）60g，深棕色（831）50g，深绿色（853）30g；26cm长的拉链（绿色）1条；宽1cm、长120cm的带挂扣皮肩带（INAZUMA YAS-1012）1条；直径15mm的小环 2个；内袋用布 56cm×21.5cm

工具

阿富汗针 8 号（4.5mm），钩针 6/0 号

成品尺寸

宽 23cm，深 19cm，侧边角宽 3cm

编织密度

10cm×10cm 面积内：变化的桂花针条纹花样 19.5 针，22 行

编织要点

钩织 46 针锁针起针，按变化的桂花针条纹花样 A 编织 4 行后，在左右两侧各钩织 3 针锁针加针。参照图示在中途换色编织条纹花样，一共编织 2 片主体。接着在包口钩织 1 行短针。侧边做挑针缝合，底部做引拔接合，侧边角做针与行的缝合。在侧边的包口部位缝上小环，再缝上拉链。制作并放入内袋，缝在包口拉链的内侧。最后编织调节扣，包在肩带上缝好。

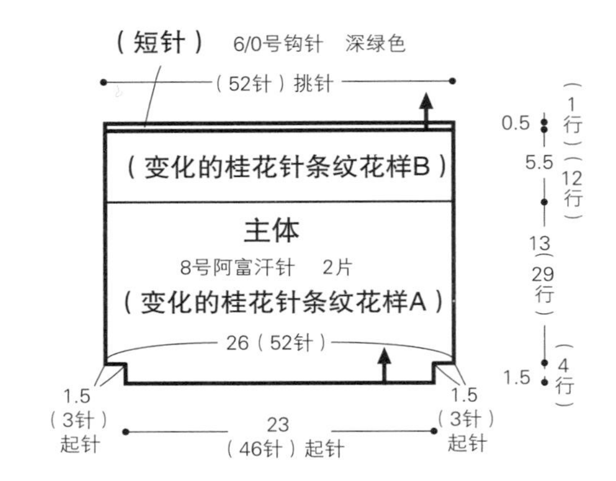

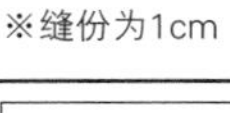

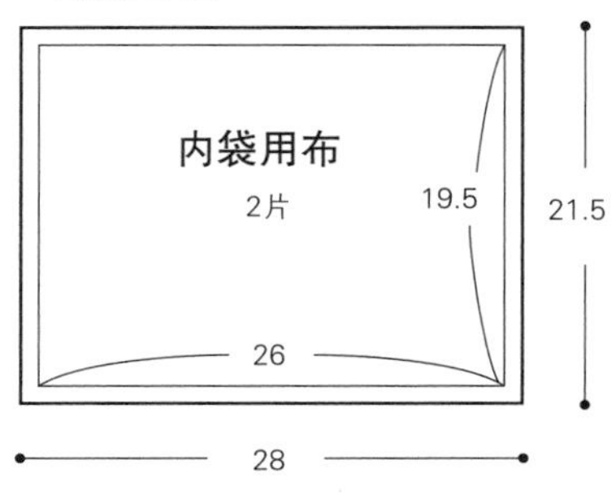

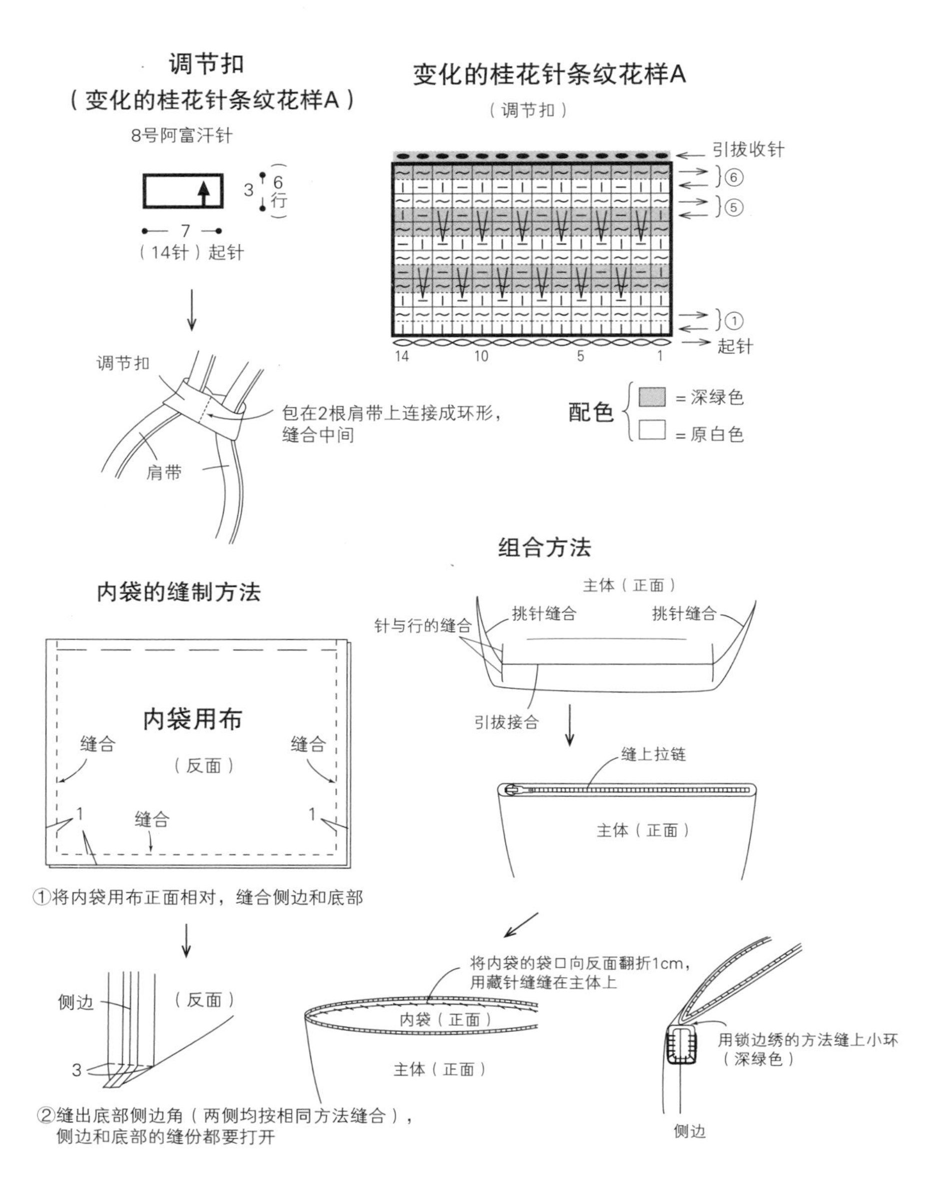

主体

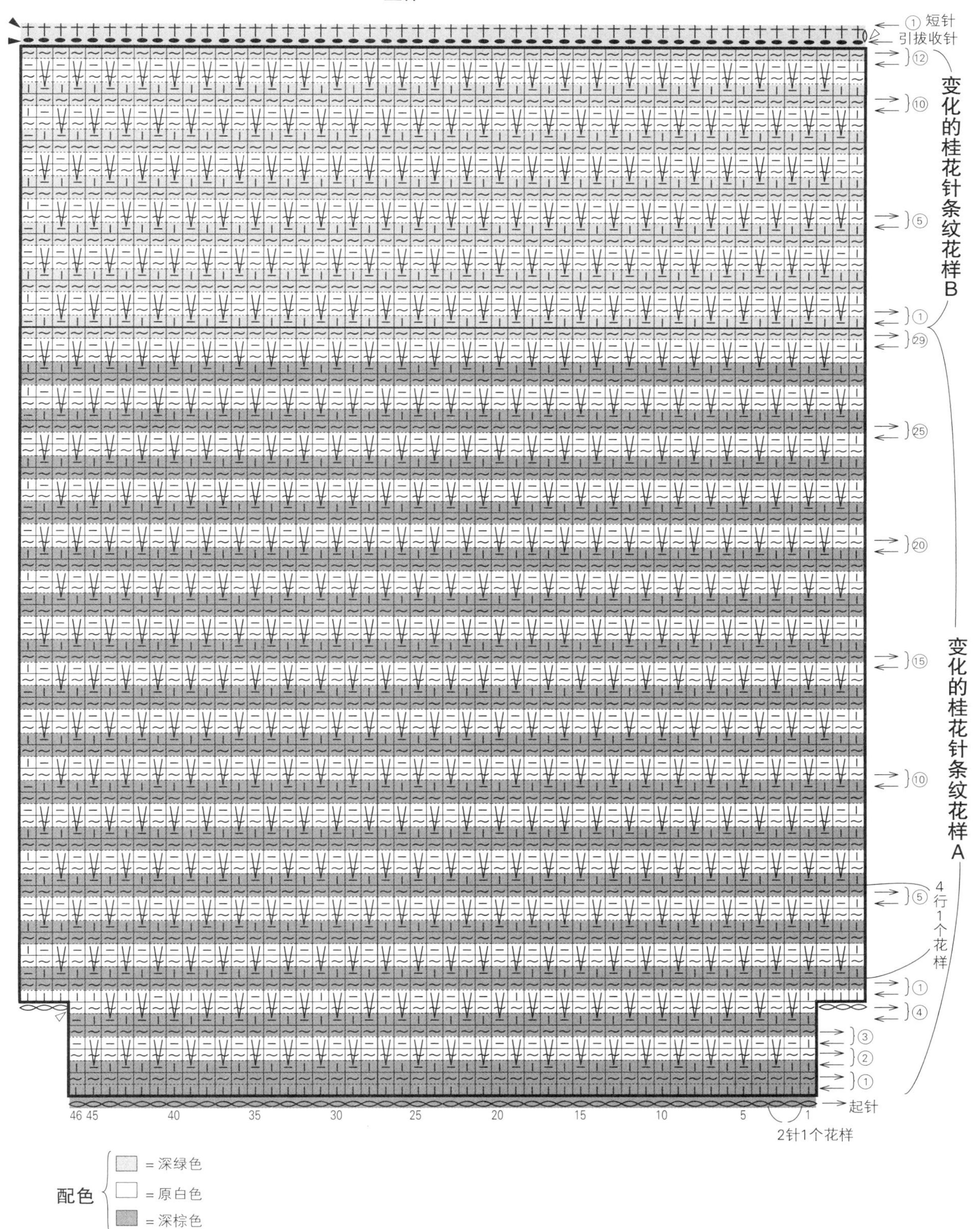

配色
- = 深绿色
- = 原白色
- = 深棕色

拼接式文具袋

p.37

材料

芭贝 Puppy New 4PLY 白色（402）25g，红色（473）、蓝色（464）各 10g；20cm 长的拉链（白色）1 条；内袋用布 44cm × 13cm

工具

阿富汗针 5 号（3.6mm），钩针 3/0 号

成品尺寸

宽 20cm，深 9cm，侧边角 5cm

编织密度

10cm × 10cm 面积内：变化的桂花针条纹花样 25.5 针，34 行

编织要点

钩织 22 针锁针起针，按变化的桂花针条纹花样编织 8 行后，在开始退针的一端钩织 6 针锁针起针。参照图示在中途换色编织条纹花样，一共编织 2 片主体。在袋口处分别用条纹的颜色钩织 1 行短针。侧边做挑针缝合，侧边角做针与行的缝合，底部做挑针缝合。在袋口缝上拉链。制作并放入内袋，缝在拉链的内侧。

主体A

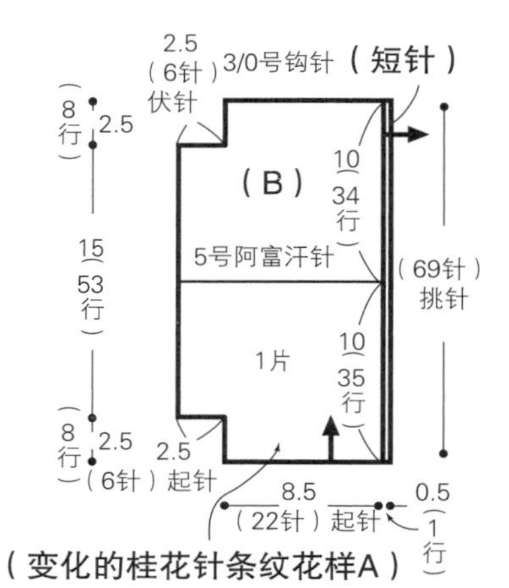

主体B

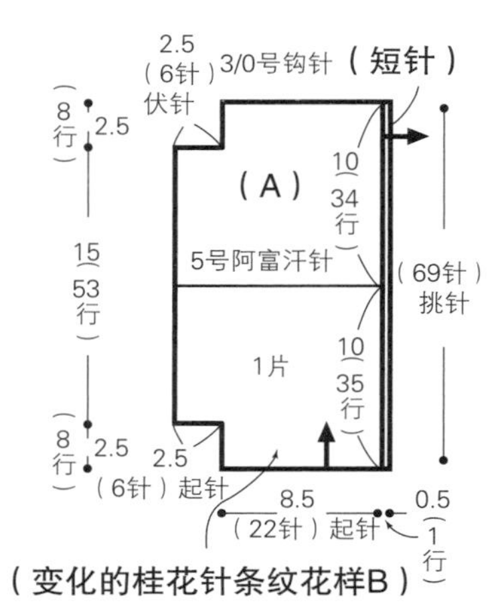

※缝份为1cm

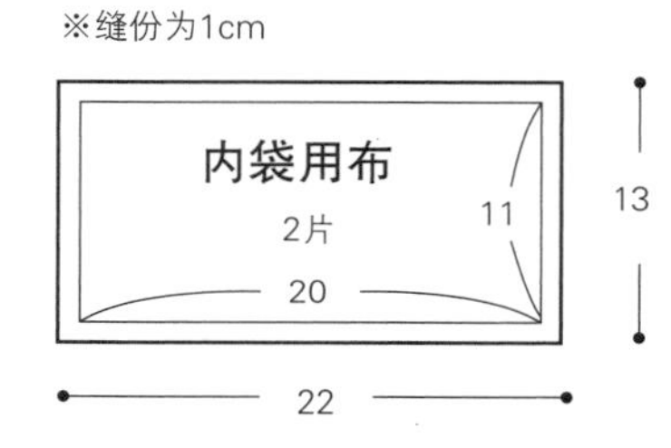

组合方法

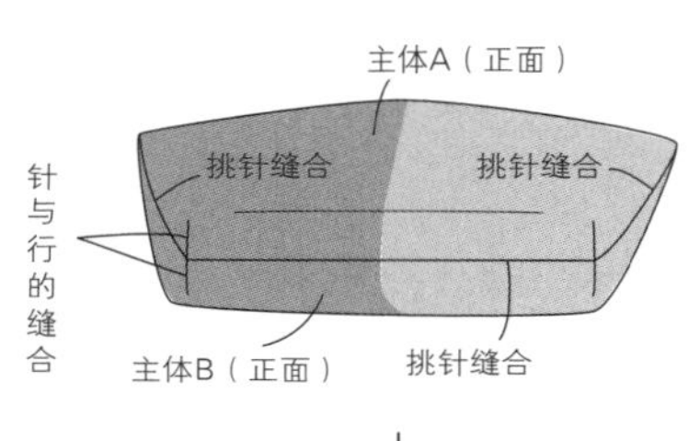

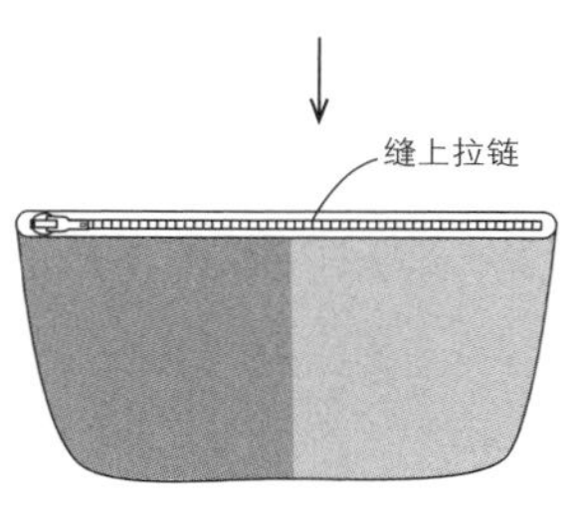

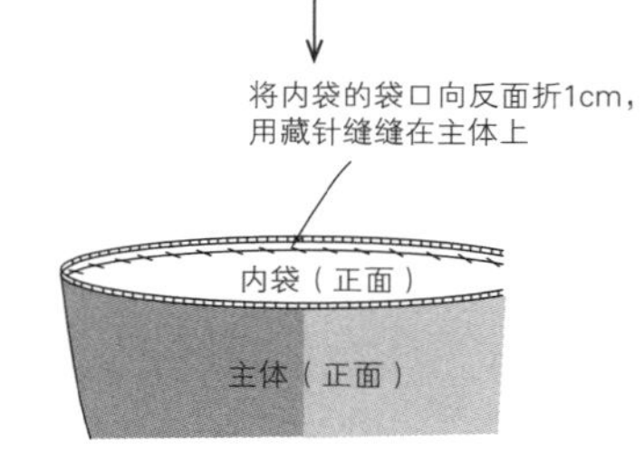

内袋的缝制方法

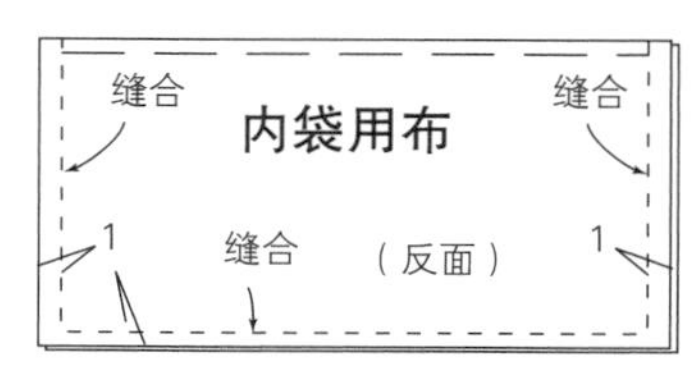

① 将内袋用布正面相对，缝合侧边和底部，侧边和底部的缝份都要打开

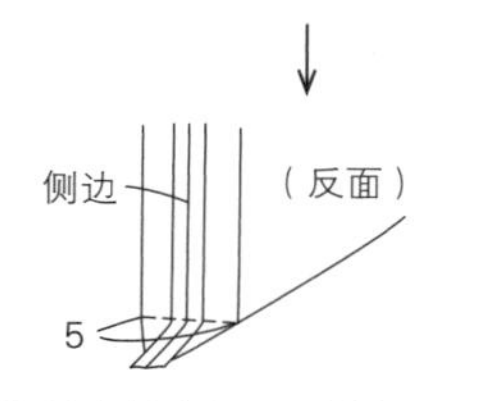

② 缝出侧边角（两侧按相同方法缝合）

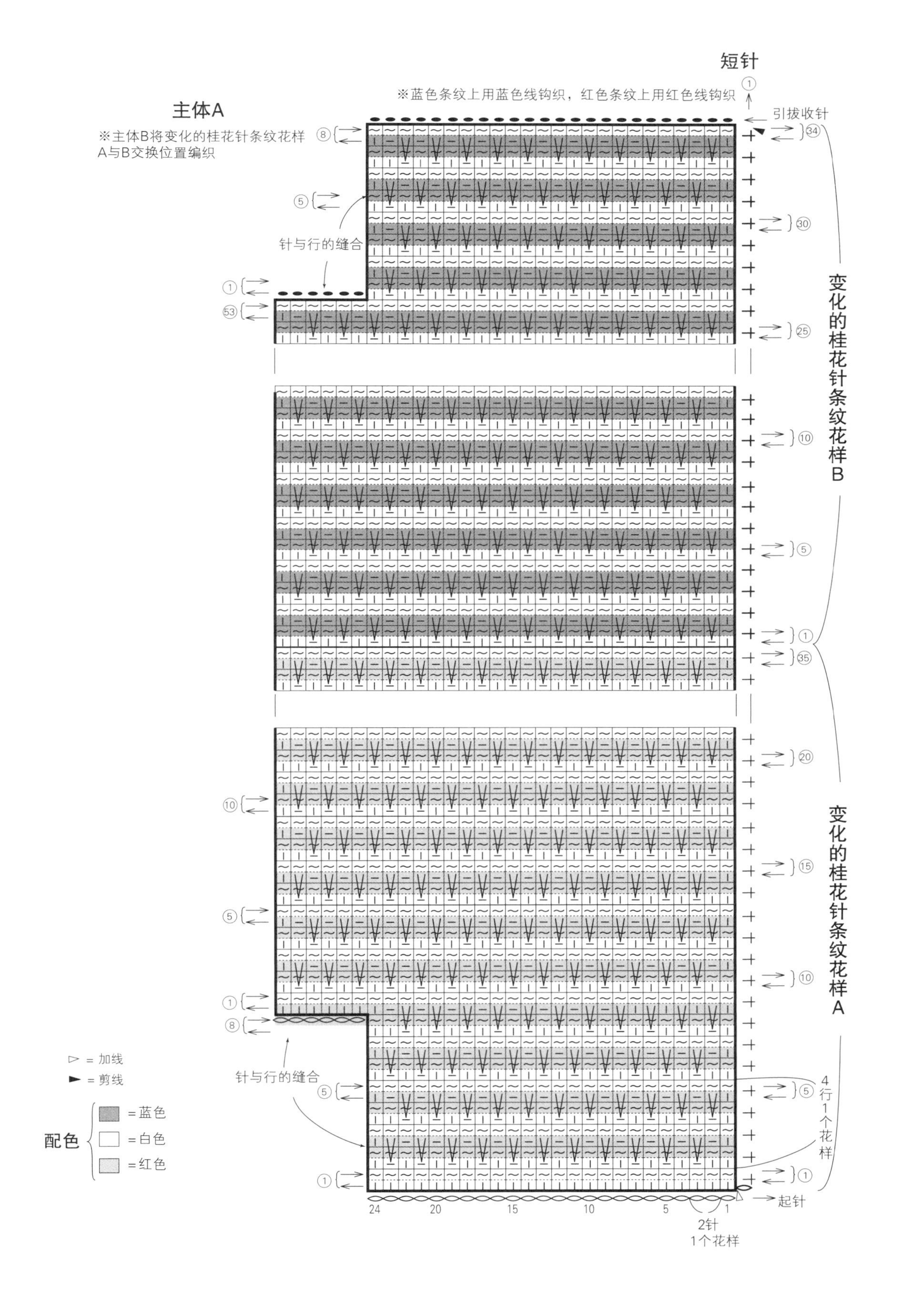
短针
※蓝色条纹上用蓝色线钩织，红色条纹上用红色线钩织
主体A
※主体B将变化的桂花针条纹花样A与B交换位置编织
引拔收针
针与行的缝合
变化的桂花针条纹花样B
变化的桂花针条纹花样A
4行1个花样
▷ = 加线
► = 剪线
配色
=蓝色
=白色
=红色
起针
2针1个花样

桶形束口袋
p.42

材料
和麻纳卡 Amerry 自然棕色（23）、奶黄色（2）各35g

工具
阿富汗针8号（4.5mm）、10号（5.1mm），钩针6/0号

成品尺寸
宽22.5cm，深17cm

编织密度
条纹花样的1个花样为13行7.5cm，6针3.5cm

编织要点
底部钩织12针锁针起针，参照图示按“基本阿富汗针编织”做加针的引返编织，将编织终点和编织起点做挑针缝合连接成圆形。侧面从底部的基本阿富汗针编织花片上挑针，按条纹花样编织。1排有6个花样，一共编织8排。接着做挑针缝合连接成环形，再用钩针在袋口钩织边缘和穿绳孔。钩织2根细绳，穿入指定位置。最后制作流苏，缝在细绳的末端。

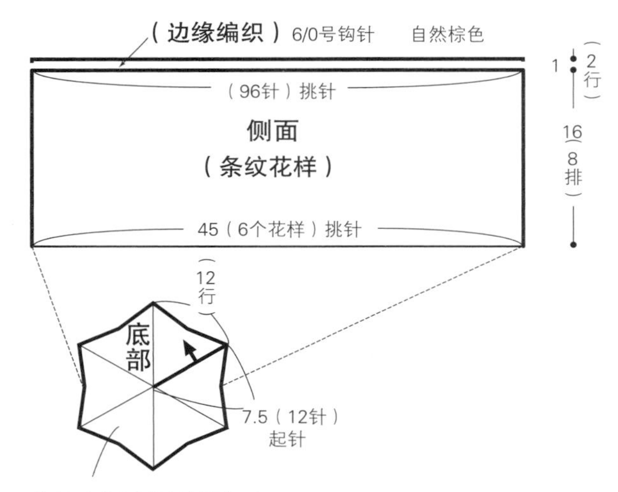

底部的组合方法

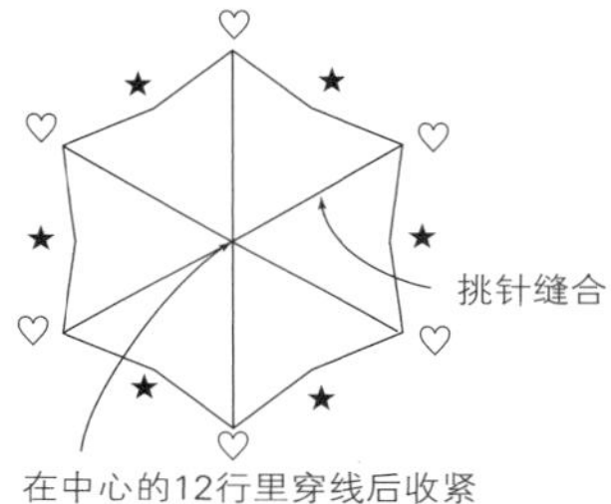

基本阿富汗针编织（底部）

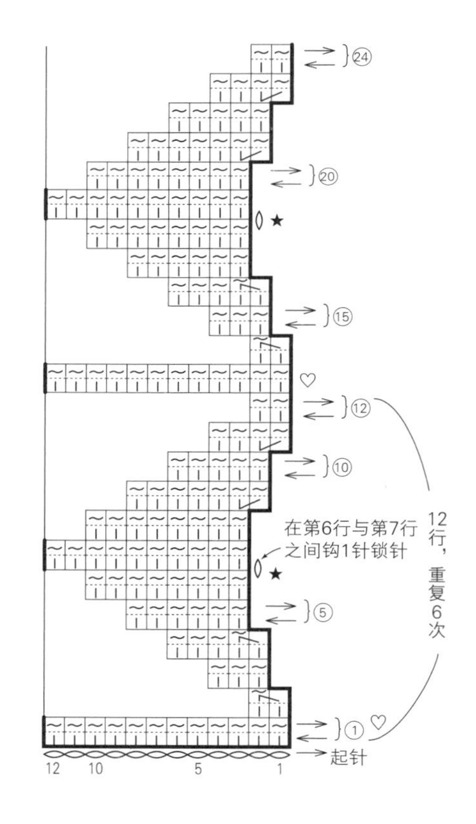

流苏的制作方法

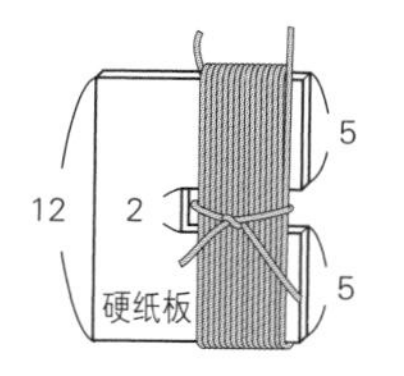

如图所示，用奶黄色线在硬纸板上缠绕15圈，在中间用线扎紧后从硬纸板上取下线圈

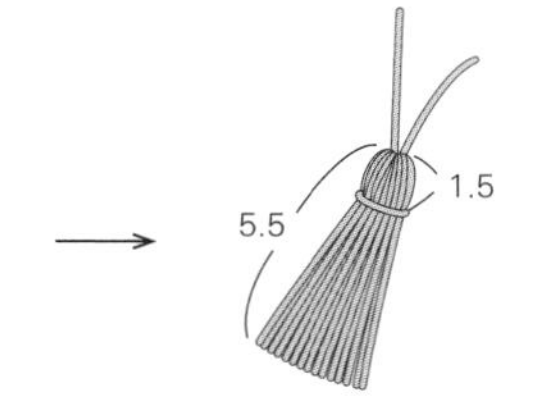

在距离上端1.5cm处扎紧，将线头修剪整齐

细绳 6/0号钩针 奶黄色 2根

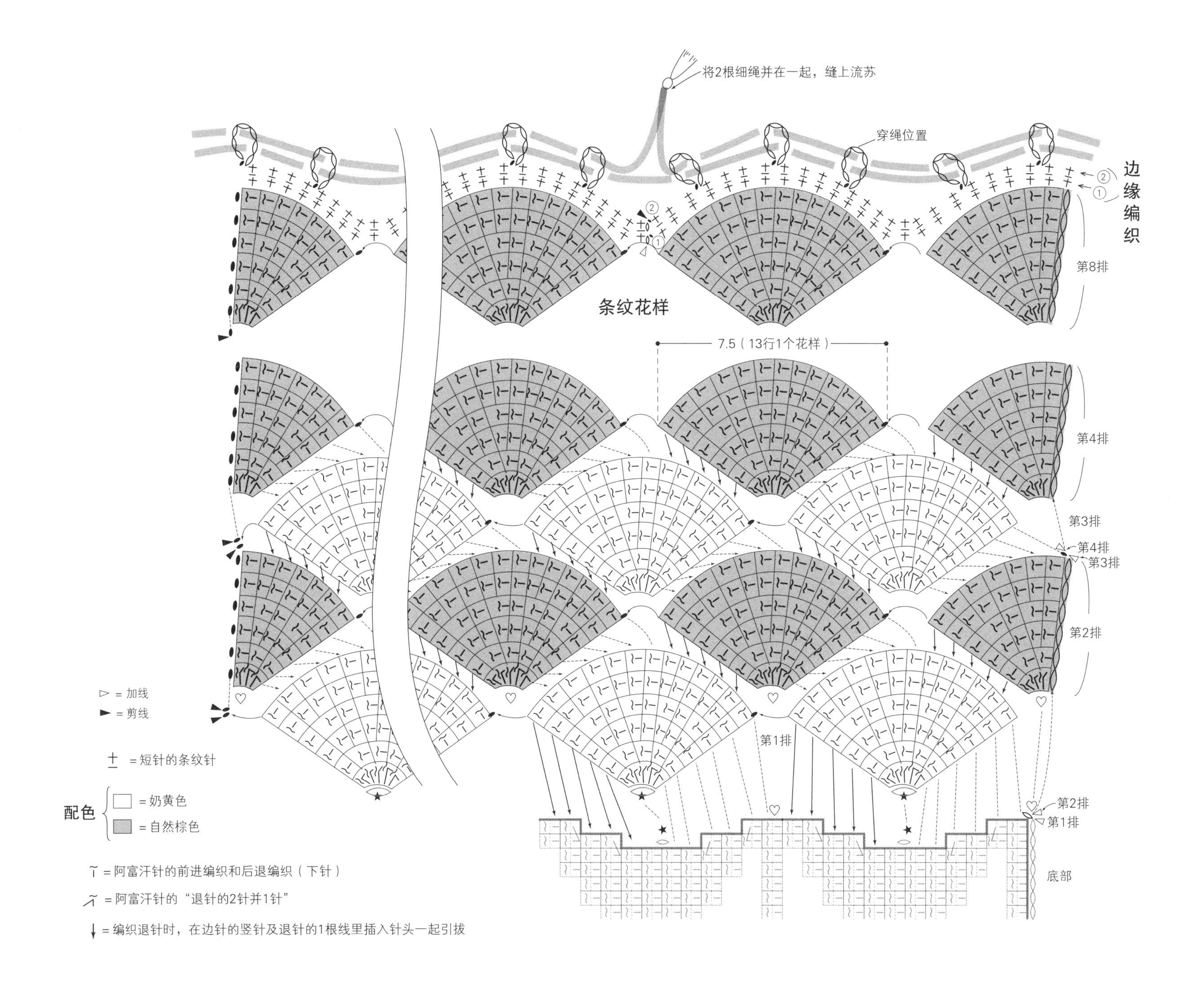
将2根细绳并在一起，缝上流苏
穿绳位置
边缘编织
第8排
条纹花样
7.5（13行1个花样）
第4排
第3排
第4排
第3排
第2排
第1排
第2排
第1排
底部
▷ = 加线
▶ = 剪线
十 = 短针的条纹针
配色
= 奶黄色
= 自然棕色
= 阿富汗针的前进编织和后退编织（下针）
= 阿富汗针的“退针的2针并1针”
↓ = 编织退针时，在边针的竖针及退针的1根线里插入针头一起引拔

多米诺方块多用毯
p.47

材料

芭贝 Queen Anny 深红色（817）、灰色（832）各 70g，绿色（853）、米色（812）各 65g

工具

阿富汗针 6~7 号（4.0mm），
钩针 9/0 号

成品尺寸

长 48cm，宽 60cm

编织密度

花片 A、B、C 均为 6cm×6cm

编织要点

钩织 21 针锁针起针，编织多米诺花片。从第 2 个花片开始，参照花片的排列图一边编织花片一边做连接。连接方法请参照 p.44。

花片的排列图

36 B-c	44 C-d	52 A-c	59 B-d	65 C-c	70 A-d	74 B-c	77 C-d	79 A-c	80 B-d
28 A-a	35 B-b	43 C-a	51 A-b	58 B-a	64 C-b	69 A-a	73 B-b	76 C-a	78 A-b
21 C-c	27 A-d	34 B-c	42 C-d	50 A-c	57 B-d	63 C-c	68 A-d	72 B-c	75 C-d
15 B-a	20 C-b	26 A-a	33 B-b	41 C-a	49 A-b	56 B-a	62 C-b	67 A-a	71 B-b
10 A-c	14 B-d	19 C-c	25 A-d	32 B-c	40 C-d	48 A-c	55 B-d	61 C-c	66 A-d
6 C-a	9 A-b	13 B-a	18 C-b	24 A-a	31 B-b	39 C-a	47 A-b	54 B-a	60 C-b
3 B-c	5 C-d	8 A-c	12 B-d	17 C-c	23 A-d	30 B-c	38 C-d	46 A-c	53 B-d
1 A-a	2 B-b	4 C-a	7 A-b	11 B-a	16 C-b	22 A-a	29 B-b	37 C-a	45 A-b

6
6
48（8片）
60（10片）

※数字表示编织的顺序
连接方法请参照p.44

花片的配色和片数

花片	a（深红色）	b（灰色）	c（绿色）	d（米色）
A	7片	7片	7片	6片
B	6片	7片	7片	7片
C	7片	6片	6片	7片

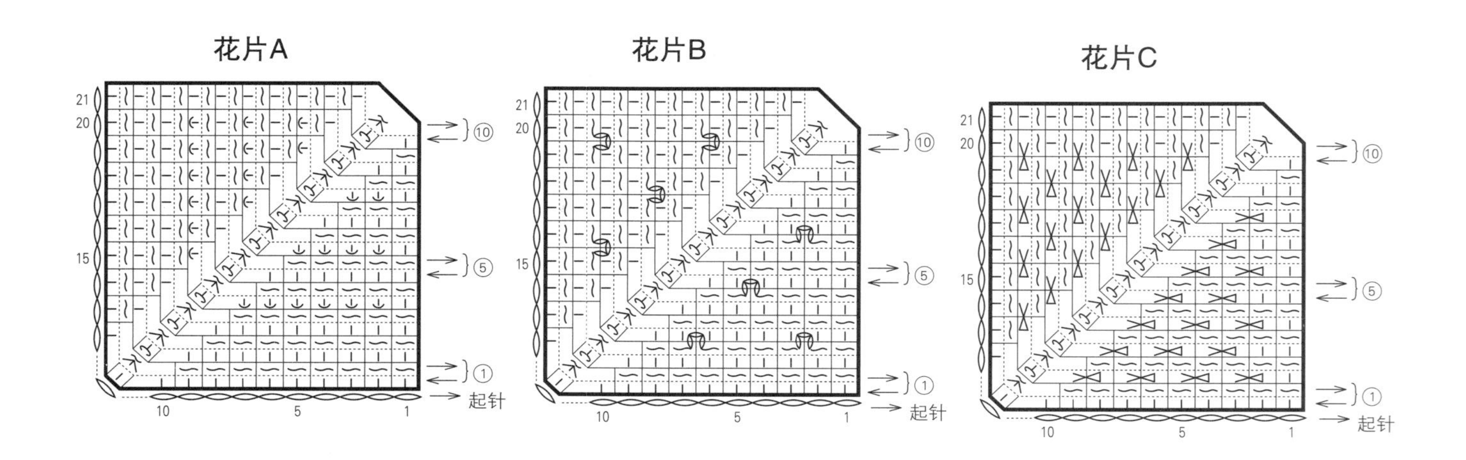

造型别致的手拎袋
p.43

材料
芭贝 Mini Sport 青绿色（710）195g，浅粉色（716）155g

工具
阿富汗针 10 号(5.1mm)、15 号(6.6mm)，钩针 10/0 号

成品尺寸
宽 38cm，深 38cm（不含提手）

编织密度
条纹花样的 1 个花样为 13 行 9.5cm，6 针 5cm

编织要点
钩织 169 针锁针起针后，按条纹花样编织。参照符号图做加、减针，连同提手部分一起编织。将侧面对折，提手部分正面相对做引拔接合。提手以外的部分正面朝外对齐，在 2 层织物里一起钩织短针接合。提手的边缘分别在每层织物里钩织短针整理形状。

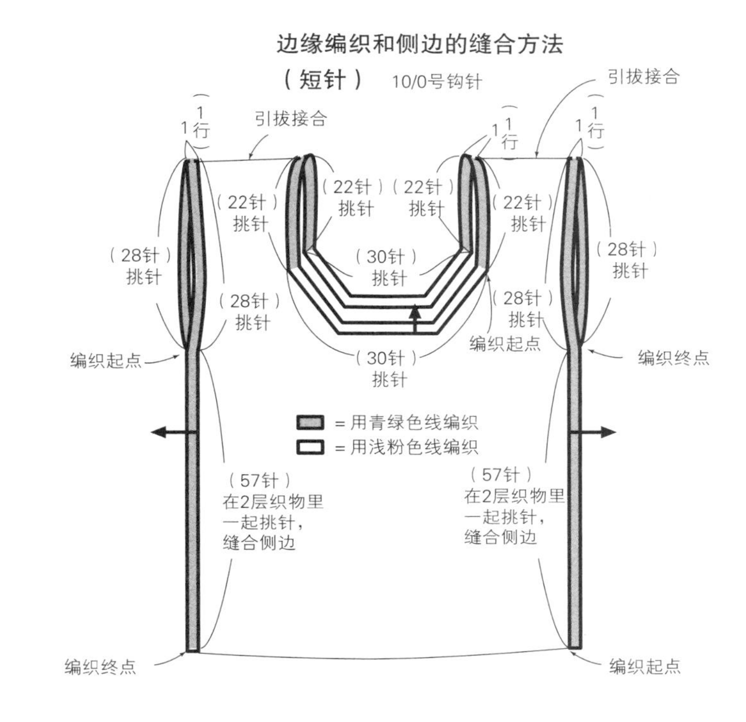

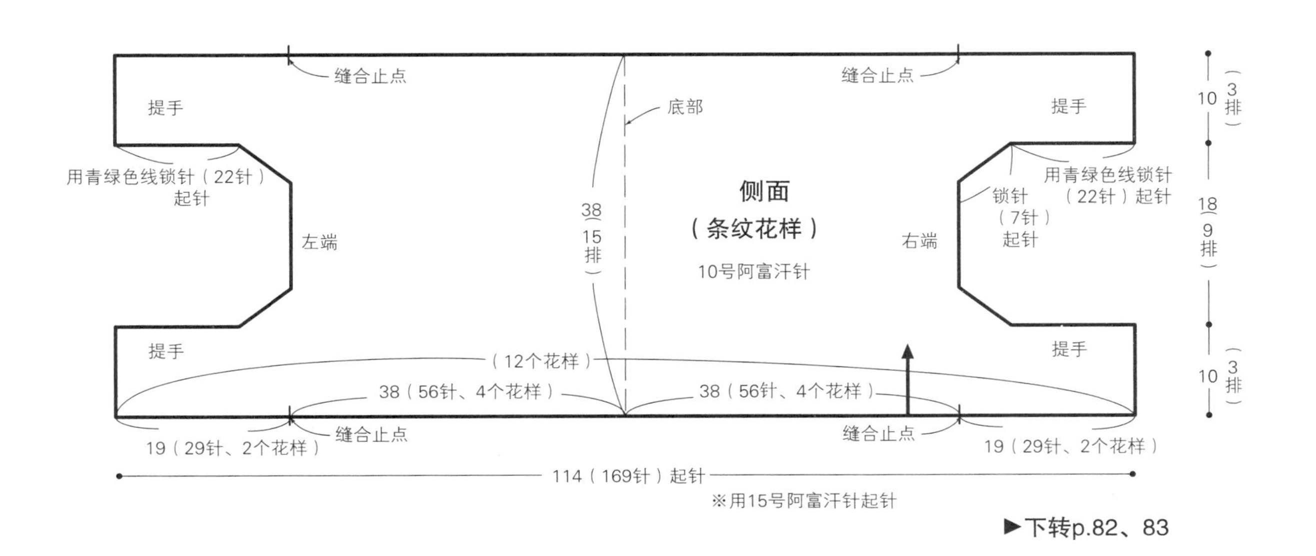

▶下转p.82、83

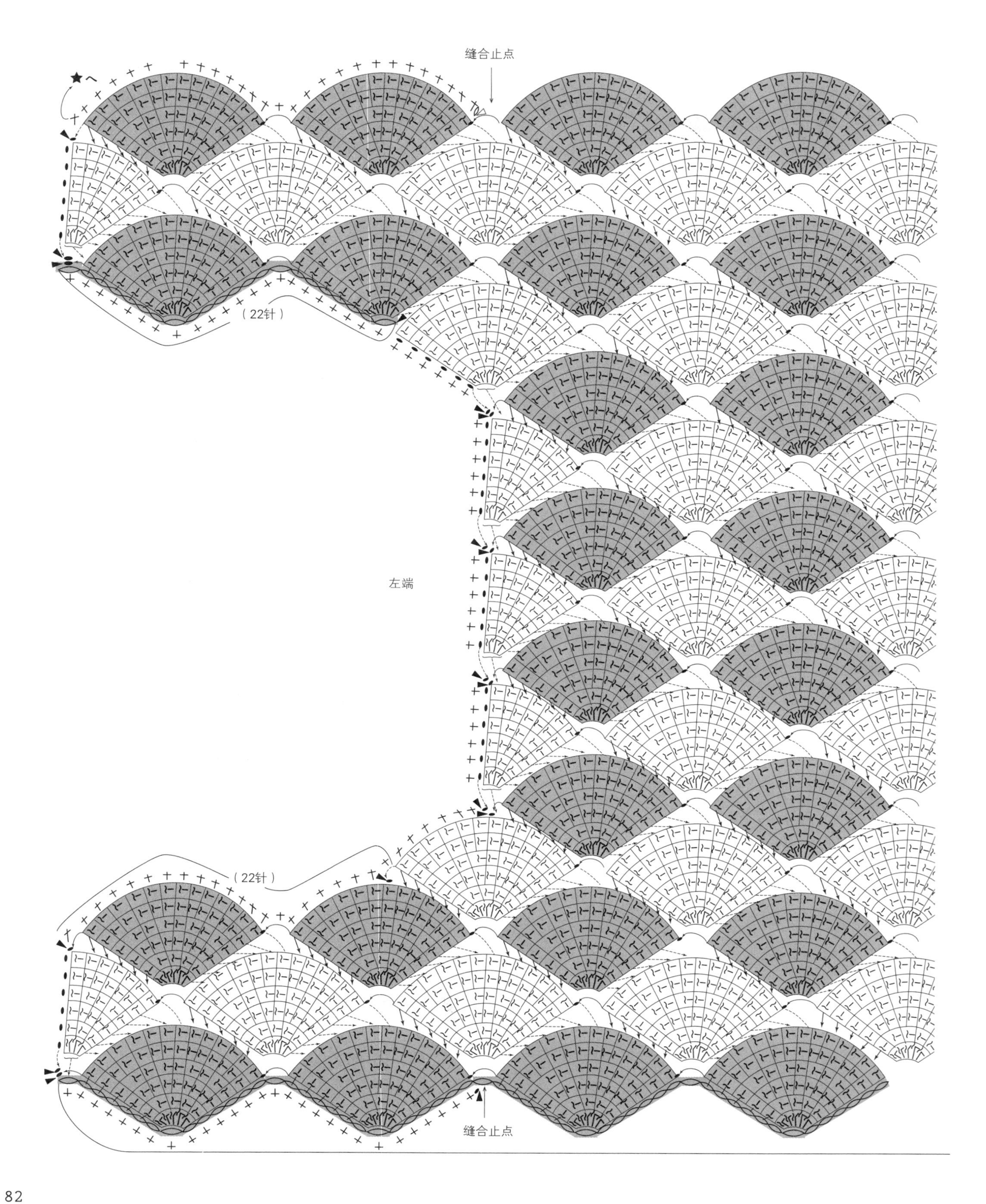
缝合止点
(22针)
左端
(22针)
缝合止点

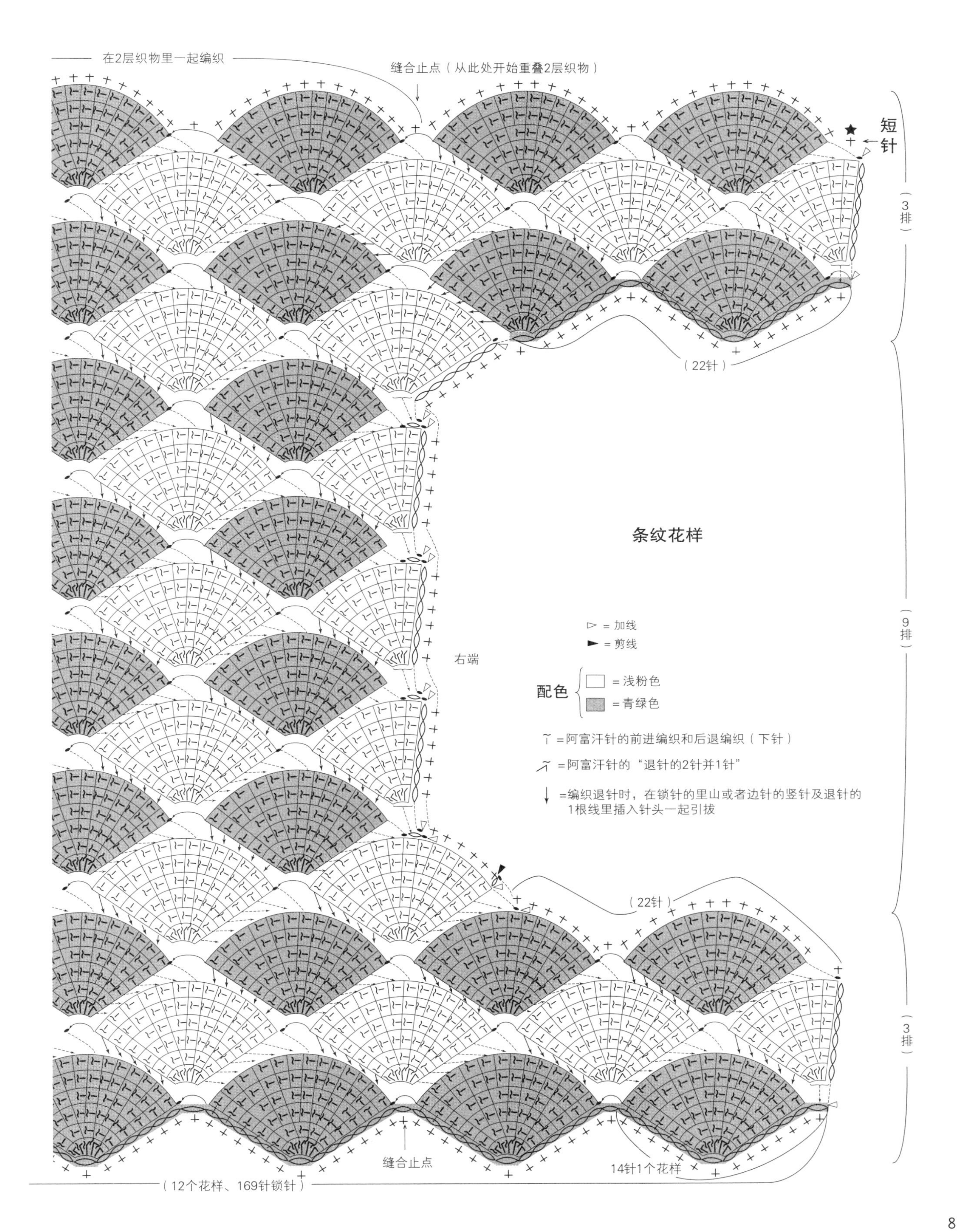

在2层织物里一起编织
缝合止点（从此处开始重叠2层织物）
短针
3排
9排
3排
(22针)
(22针)
条纹花样
右端
= 加线
= 剪线
配色
= 浅粉色
= 青绿色
=阿富汗针的前进编织和后退编织（下针）
=阿富汗针的“退针的2针并1针”
=编织退针时，在锁针的里山或者边针的竖针及退针的1根线里插入针头一起引拔
缝合止点
14针1个花样
(12个花样、169针锁针)

CROCHET TECHNIQUE GUIDE

钩针编织基础技法

孔斯特起针

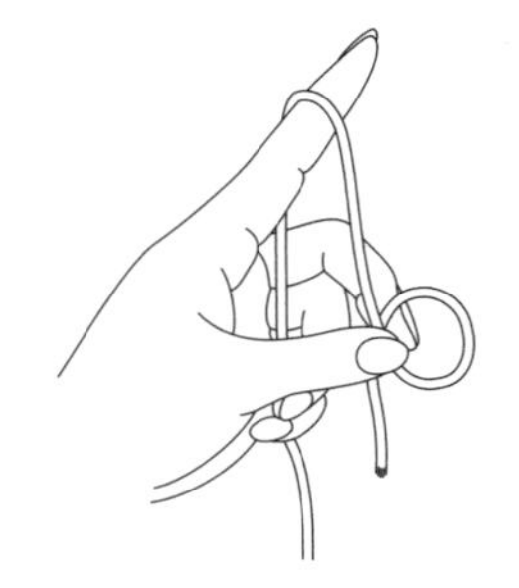

1. 制作线环。

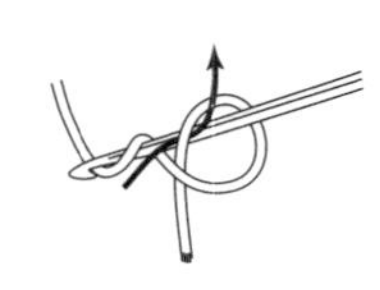

2. 在线环中插入钩针，挂线后拉出。

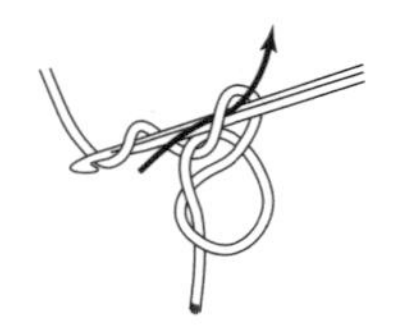

3. 再次挂线后拉出。

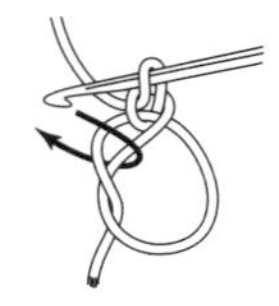

4. 1 针完成。(1 针锁针花)

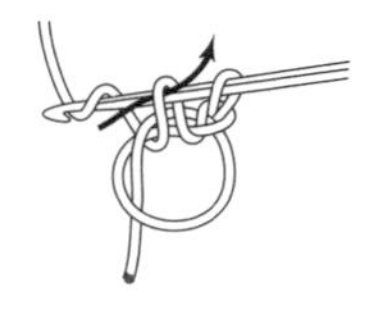

5. 继续在线环中插入钩针，钩织所需针数。

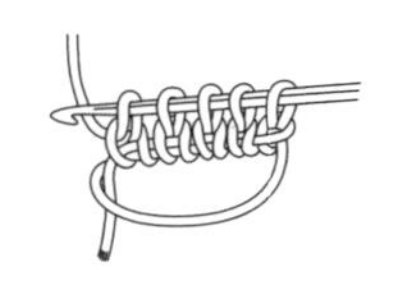

6. 完成 5 针起针后的状态。

引拔针

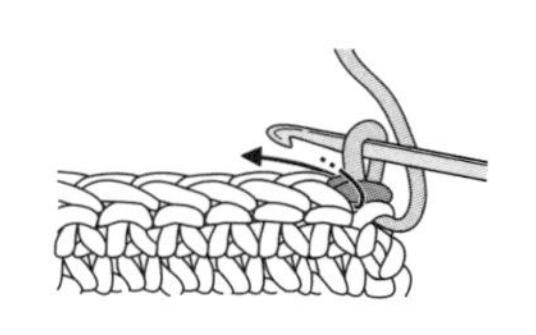

1. 在前一行针目的头部插入钩针。

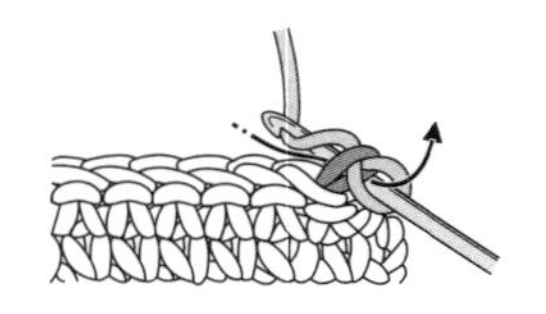

2. 针头挂线，如箭头所示拉出。

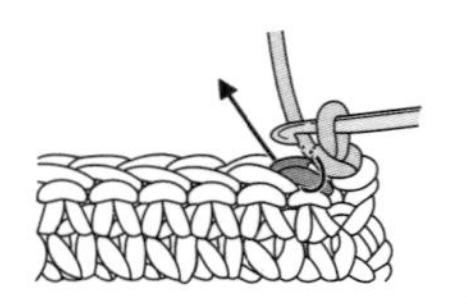

3. 在相邻针目里插入钩针，将线拉出。

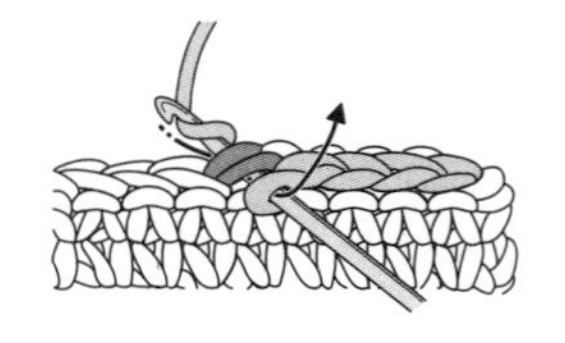

4. 重复步骤 3。

十 短针

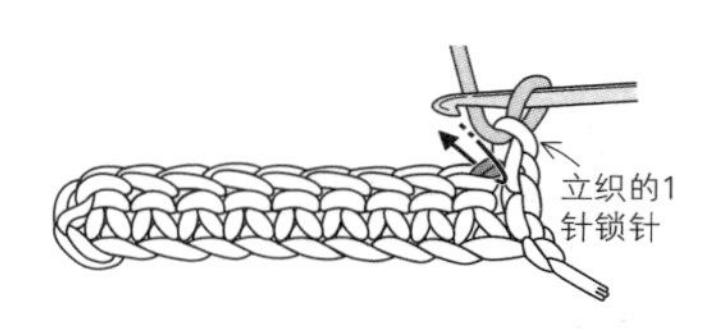

1. 在前一行针目的头部插入钩针。

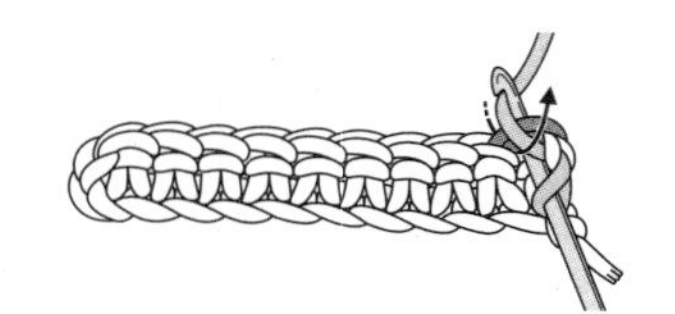

2. 针头挂线后拉出。

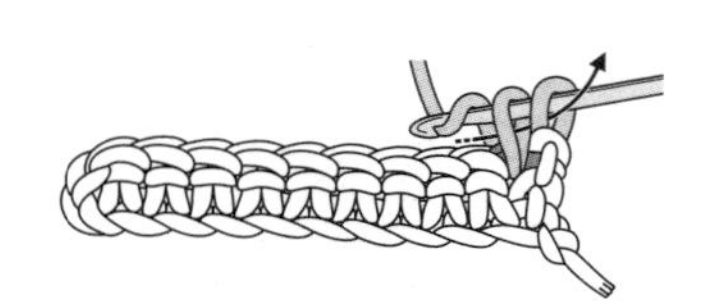

3. 针头挂线，一次性引拔穿过针上的 2 个线圈。

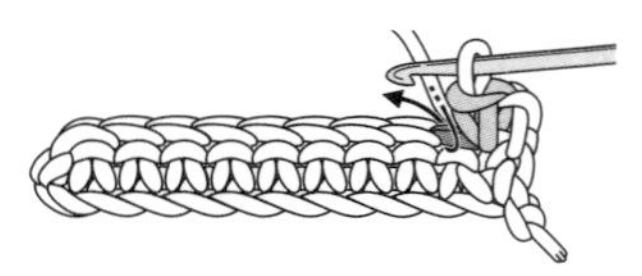

4.1 针短针完成。重复步骤 1~3。

长针

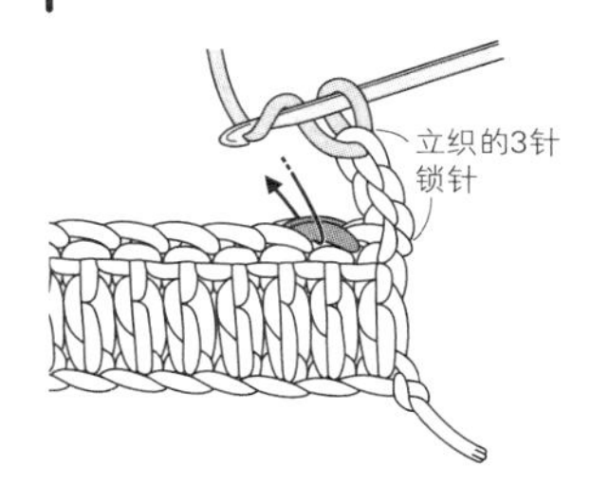

1. 针头挂线，在前一行针目的头部插入钩针。

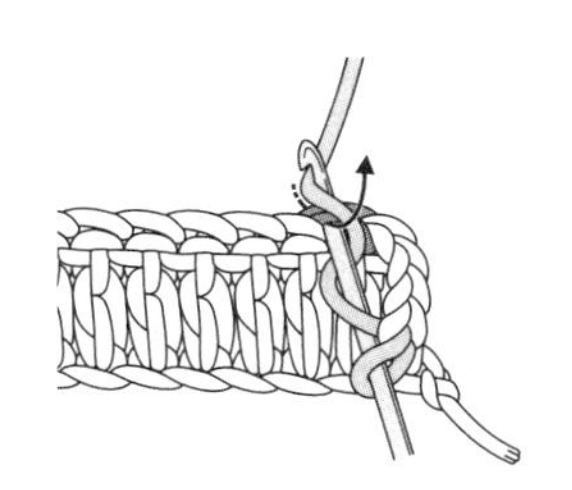

2. 针头挂线，如箭头所示拉出。

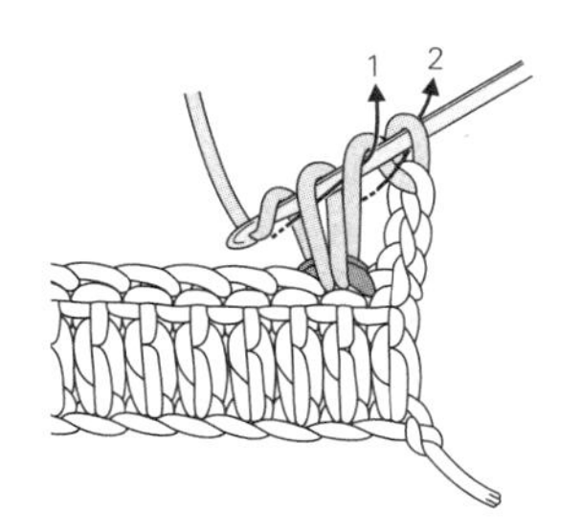

3. 针头挂线，依次引拔穿过针头的 2 个线圈。

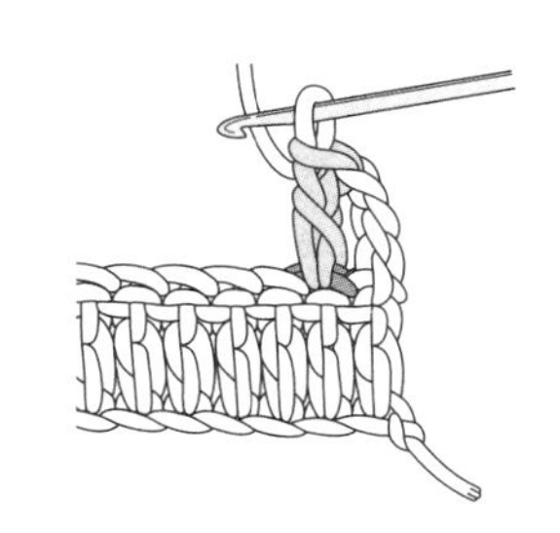

4. 1 针长针完成。

长长针

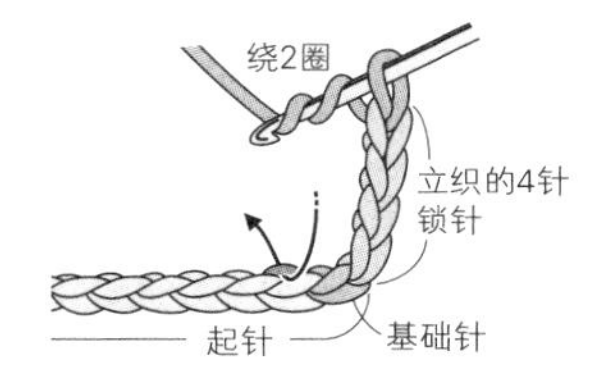

1. 在针头绕 2 圈线，在锁针的里山插入钩针。

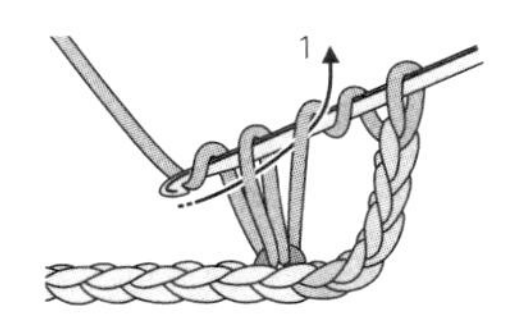

2. 针头挂线，如箭头所示引拔穿过针头上的 2 个线圈。

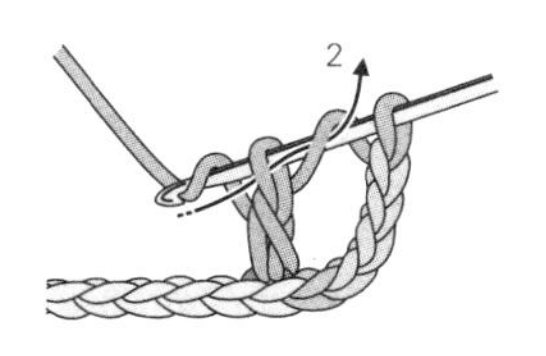

3. 再次挂线，引拔穿过 2 个线圈。

4. 再次挂线，引拔穿过剩下的 2 个线圈，完成。

短针的条纹针

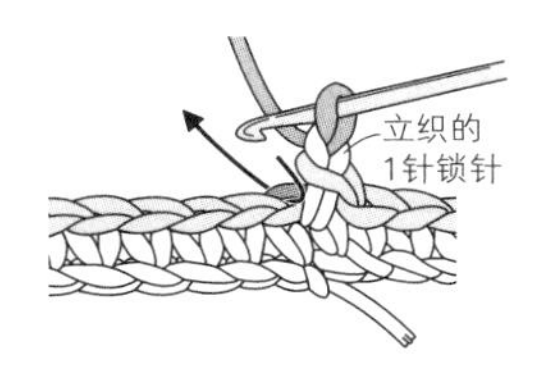

1. 第 2 行立织 1 针锁针。在前一行第 1 针短针的头部后面半针里挑针。

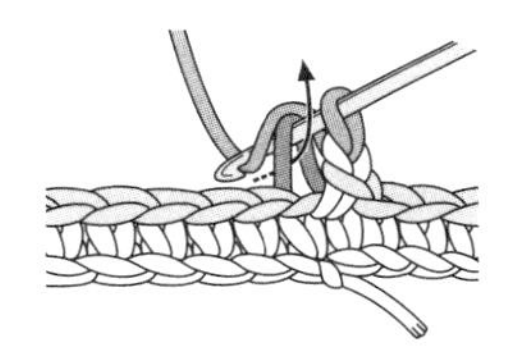

2. 挂线后拉出，钩织短针。

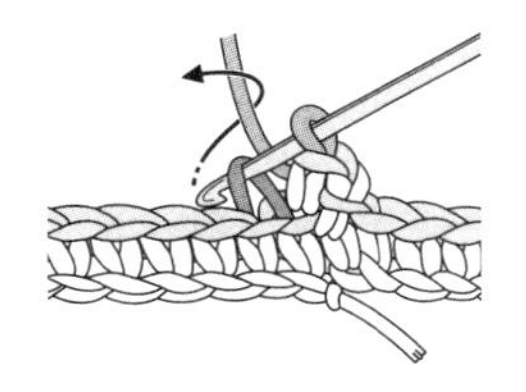

3.1 针短针的条纹针完成。重复以上操作。

反短针

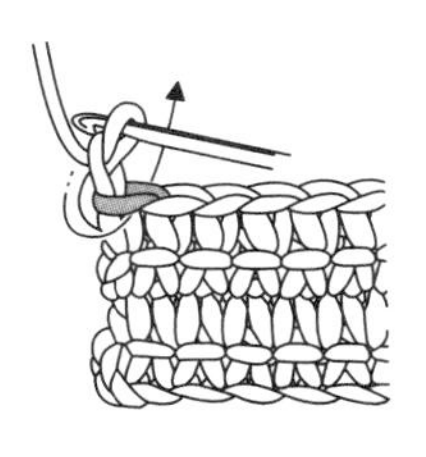

1. 不要翻转织物，立织 1 针锁针。如箭头所示转动针头，在前一行针目头部的 2 根线里插入钩针。

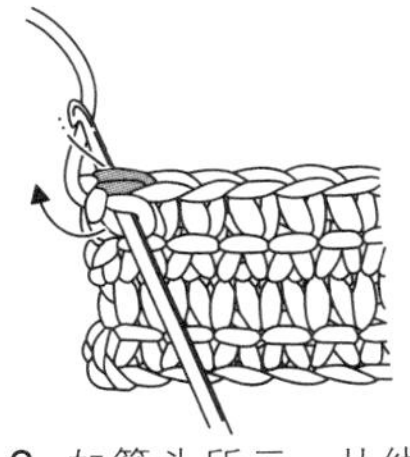

2. 如箭头所示，从线的上方挂线，直接将线向前拉出。

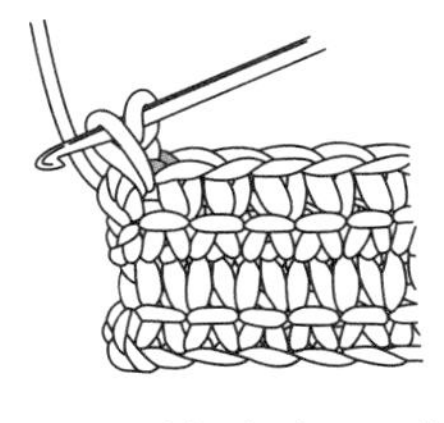

3. 向前拉出线后的状态。

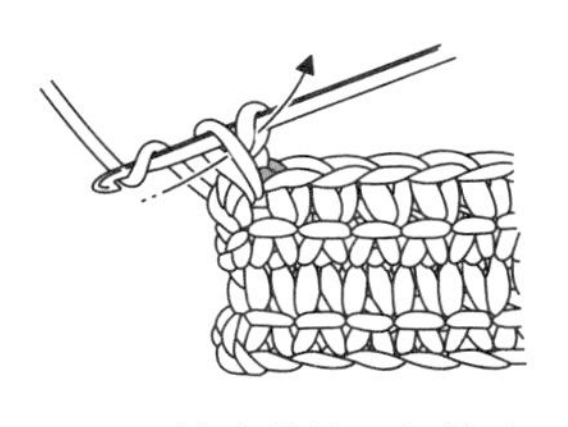

4. 针头挂线，如箭头所示一次性引拔穿过针上的 2 个线圈，钩织短针。

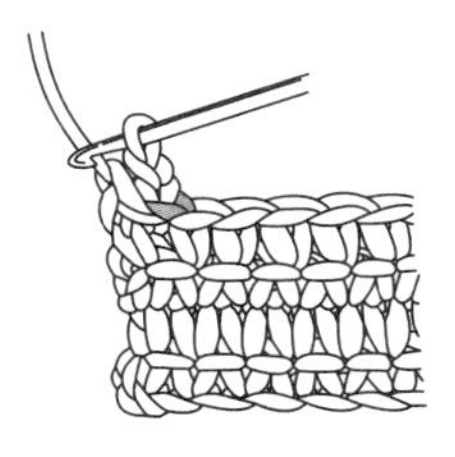

5. 反短针完成。

1 针放 2 针短针

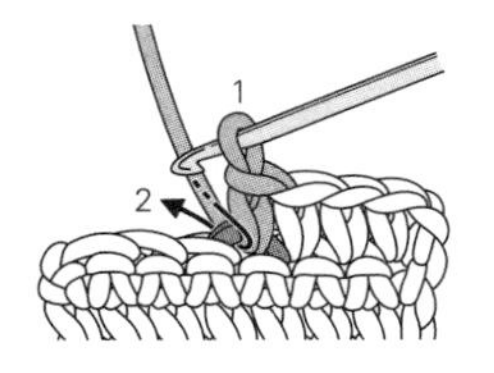

1. 在前一行针目的头部 2 根线里挑针钩织 1 针短针，接着在同一个针目里再次插入钩针。

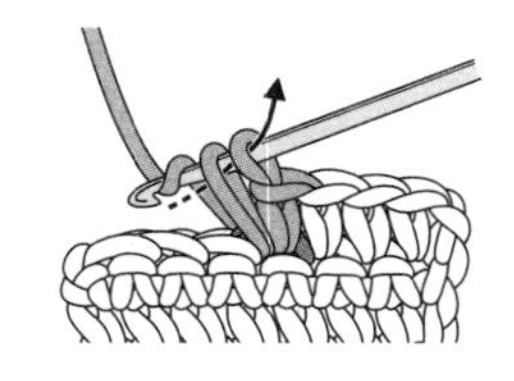

2. 挂线后拉出，再次挂线，引拔穿过针上的 2 个线圈。

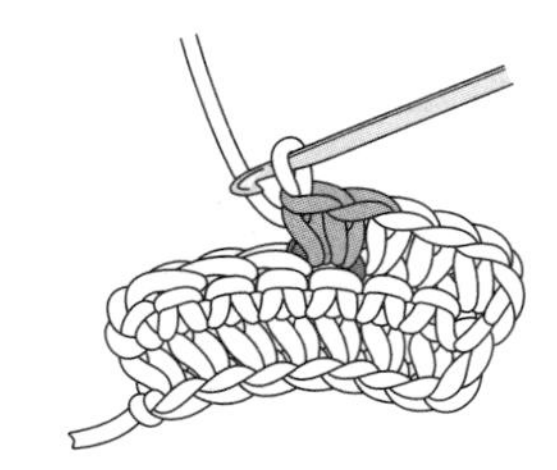

3. 完成。加了 1 针后的状态。

 2 针短针并 1 针

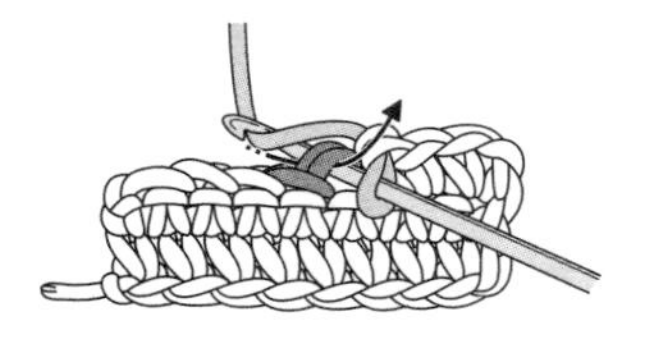

1. 在前一行针目的头部 2 根线里插入钩针，针头挂线后拉出。

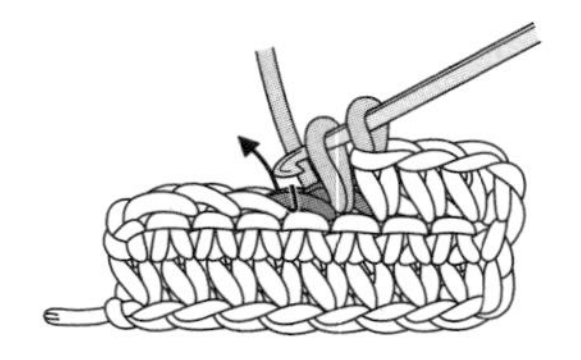

2. 同样在下一个针目里插入钩针，将线拉出。

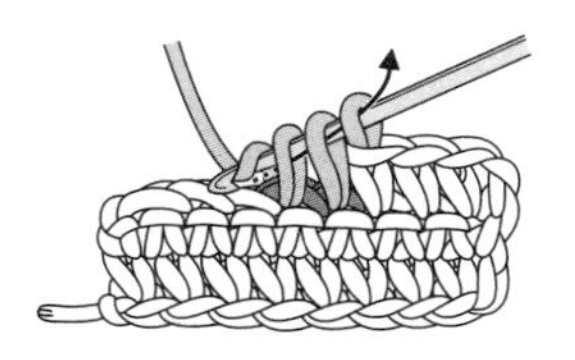

3. 这个状态叫作“2 针未完成的短针”。接着针头挂线，一次性引拔穿过针上的 3 个线圈。

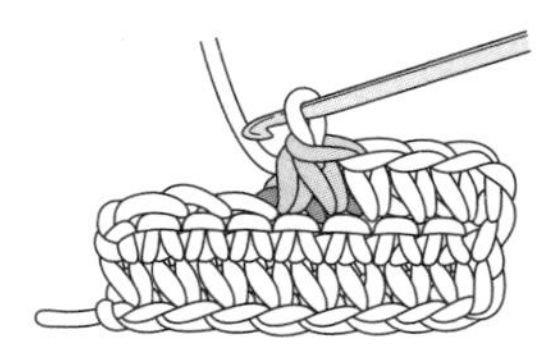

4. 2 针短针并 1 针完成。

 3 针锁针的狗牙拉针

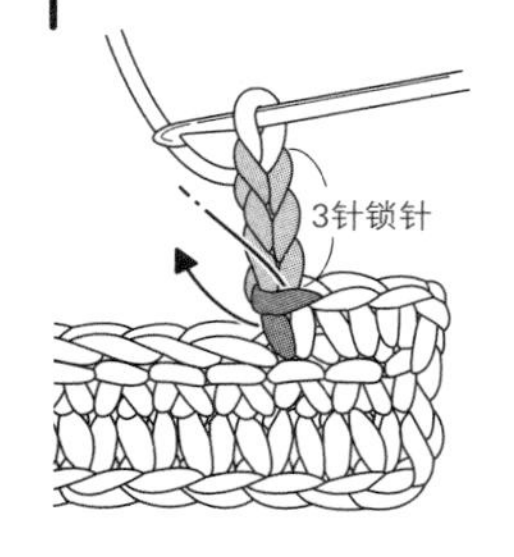

1. 钩完短针后接着钩 3 针锁针，在短针头部的前面半针以及根部的 1 根线里插入钩针。

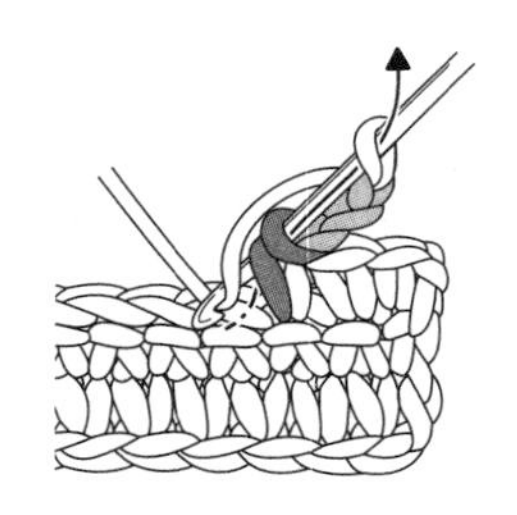

2. 针头挂线，如箭头所示将线拉出。

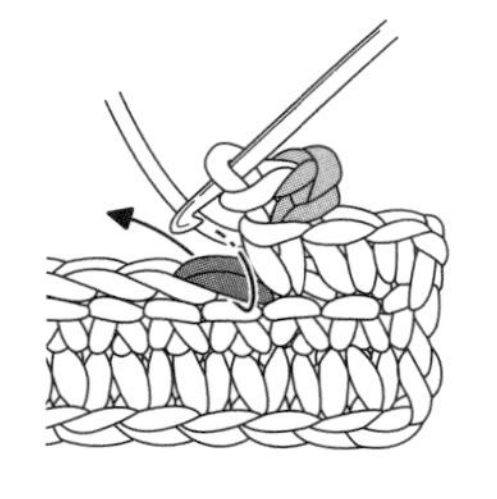

3. 在下一个针目里插入钩针，继续钩织。

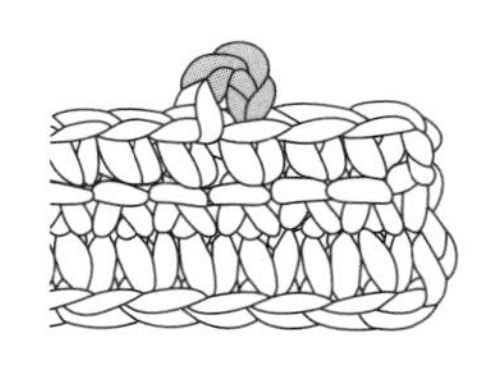

4. 3 针锁针的狗牙拉针完成。

3 针中长针的枣形针

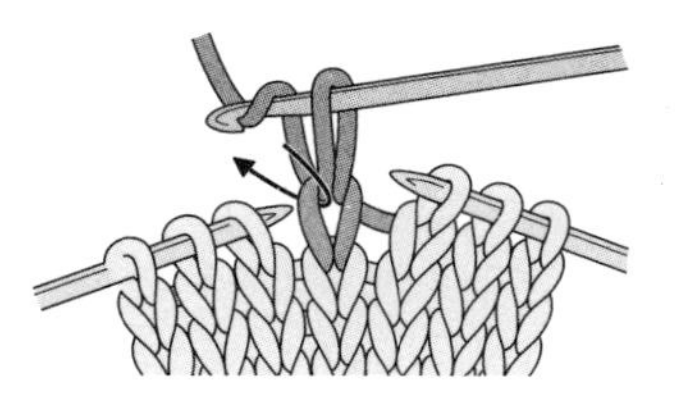

1. 将原来的针目拉长至枣形针的高度，挂线后在同一个针目里插入钩针。

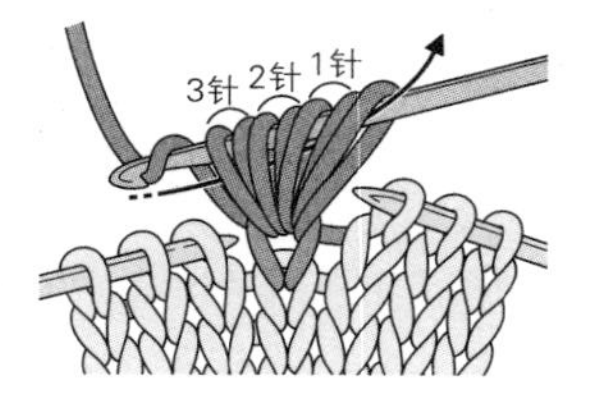

2. 在同一个针目里钩织 3 针未完成的中长针，接着挂线，一次性引拔穿过所有线圈。

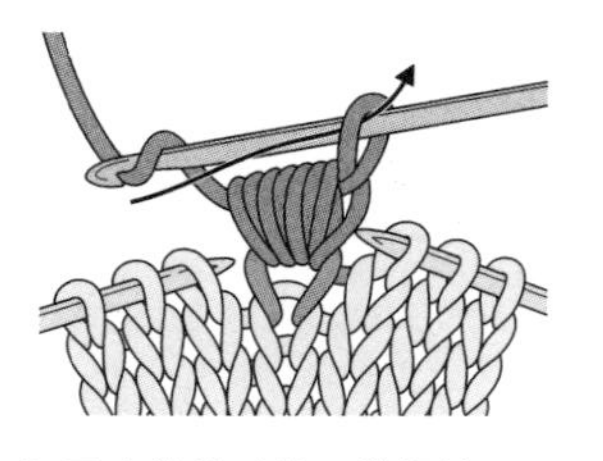

3. 再次挂线引拔，收紧针目。

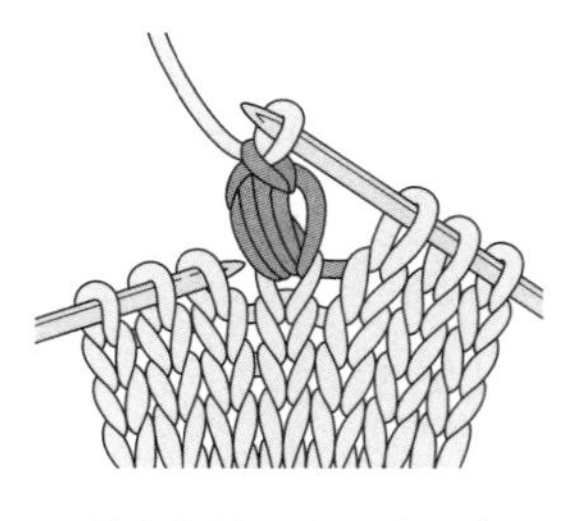

4. 3 针中长针的枣形针完成。

长针的正拉针

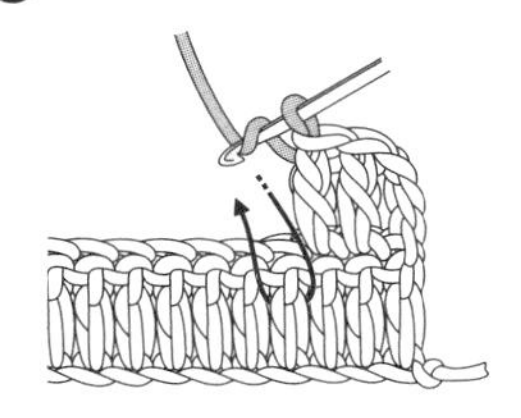

1. 针头挂线，如箭头所示从前面将钩针插入前一行长针的根部，将线拉出。

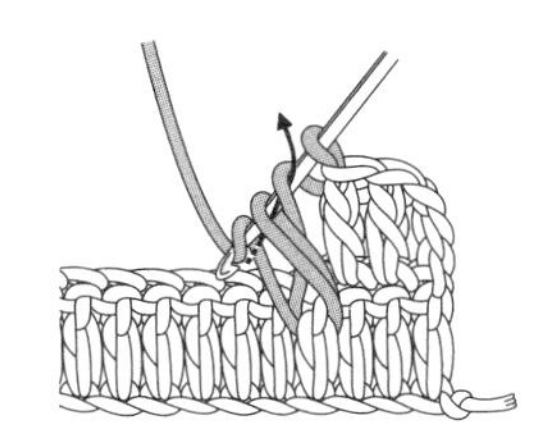

2. 针头挂线，引拔穿过针上的2个线圈。

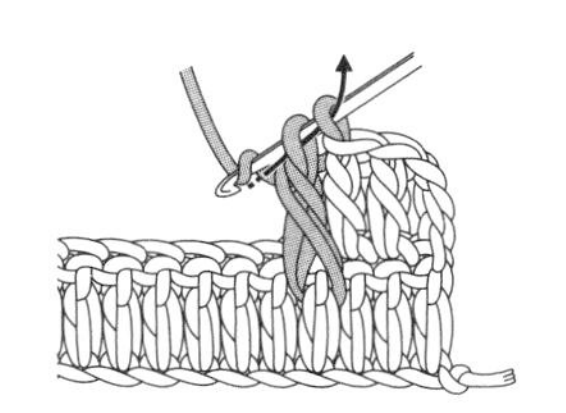

3. 再次挂线，引拔穿过针上的2个线圈。

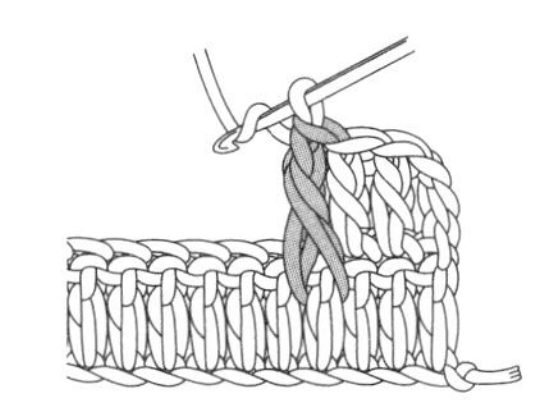

4. 1针长针的正拉针完成后的状态。

长针的反拉针

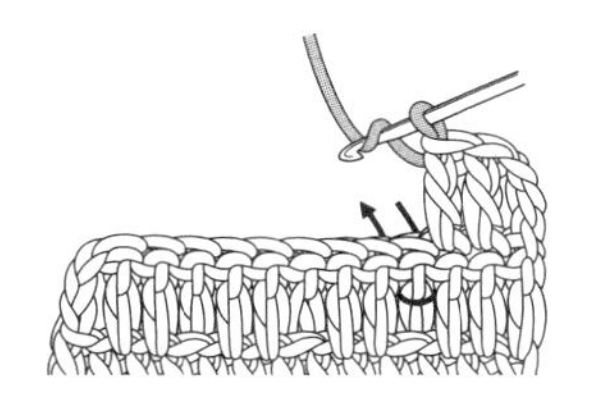

1. 针头挂线，如箭头所示从后面将钩针插入前一行长针的根部，将线拉出。

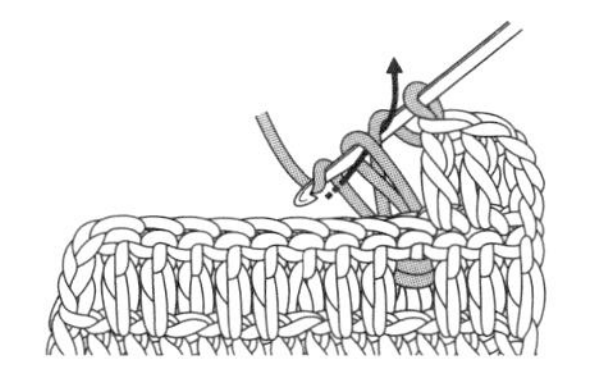

2. 针头挂线，引拔穿过针上的2个线圈。

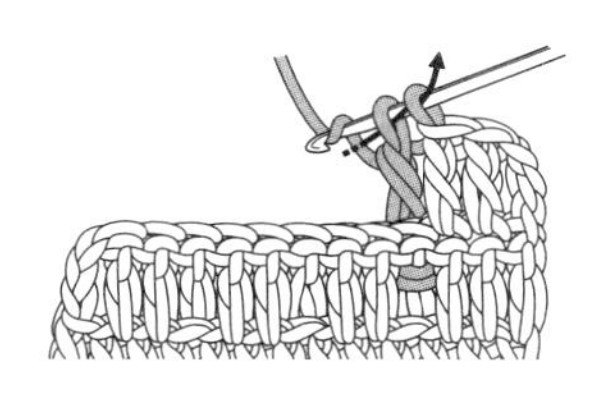

3. 再次挂线，引拔穿过针上的2个线圈。

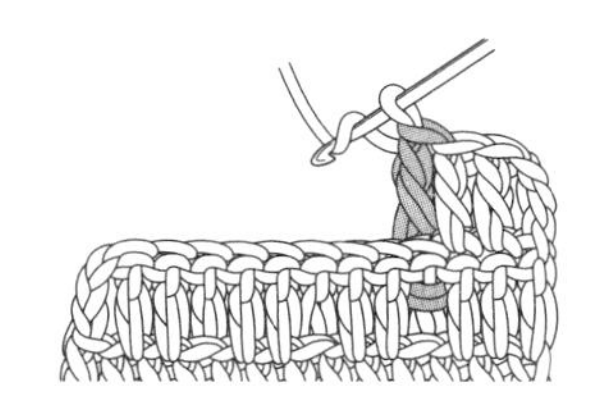

4. 1针长针的反拉针完成后的状态。

半针的挑针缝合

将2片织物正面朝上对齐，在最后一圈的半针里依次挑针。用这种方法缝合后，针目对齐，接缝平整。

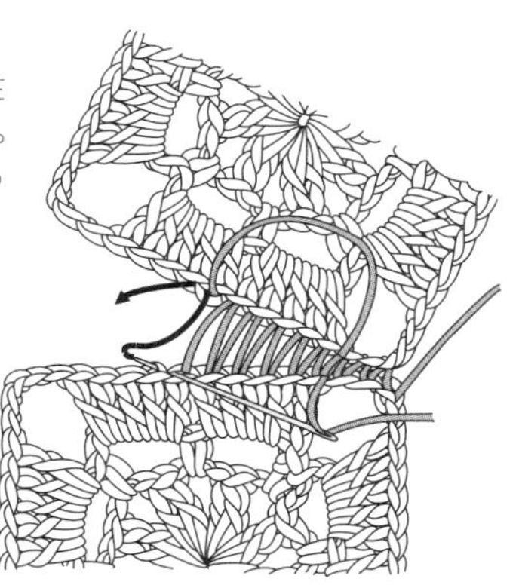

引拔接合

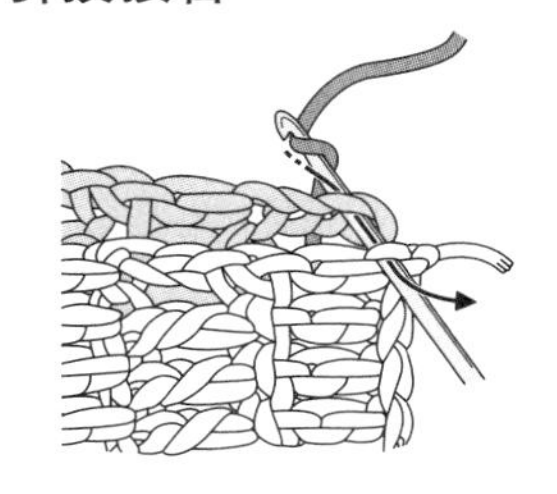

1. 将2片织物正面相对重叠，在边上起针的锁针里插入钩针，将线拉出。

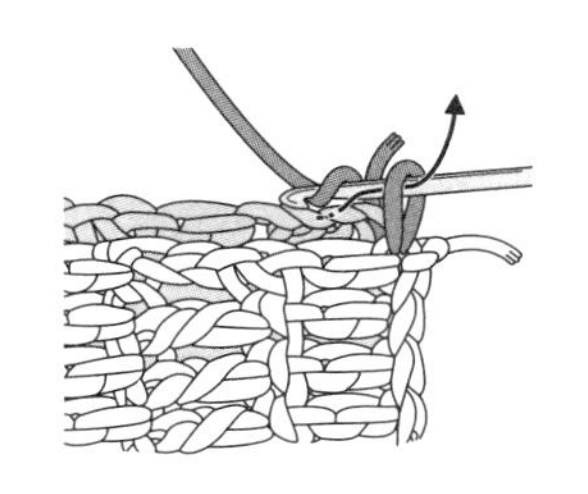

2. 挂线后拉出。

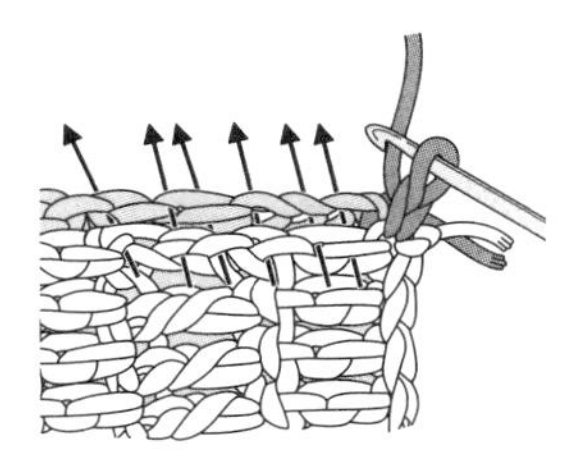

3. 接下来将边针分开插入钩针，钩织引拔针接合。

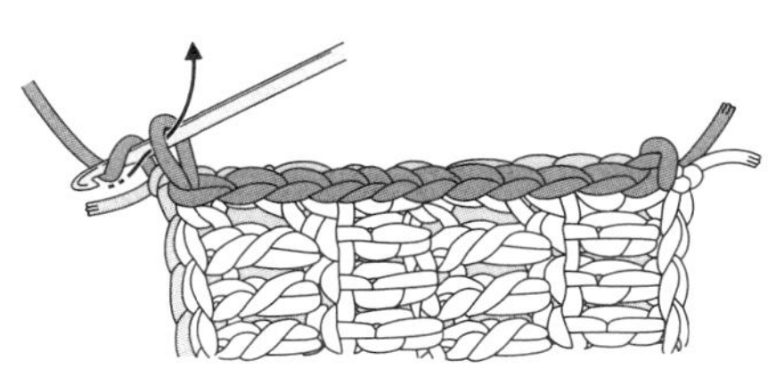

4. 一边观察织物的平整度，一边调整针数引拔。终点再次挂线引拔，收紧针目。

BASIC TECHNIQUE GUIDE
阿富汗针编织基础技法

持针方法

前进编织
左手在食指上挂线，用拇指、中指和无名指轻轻拿住织物。右手用拇指和食指从上方拿住针，再用其余 3 根手指抵住。

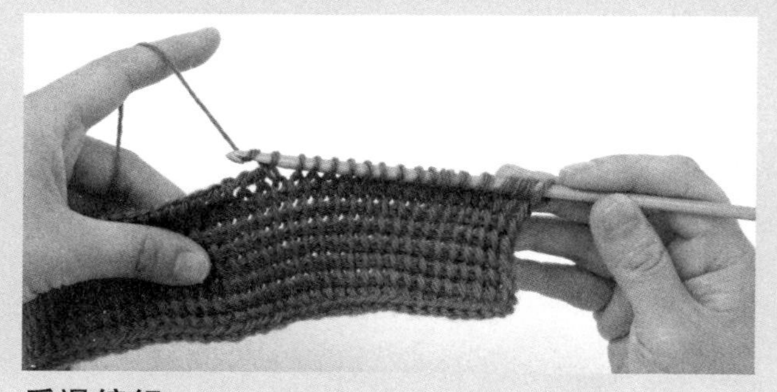

后退编织
左手与前进编织时相同。右手变成钩针编织时的持针方法。用拇指和食指从下方拿住针，再用中指轻轻抵住。

起针

锁针起针的方法

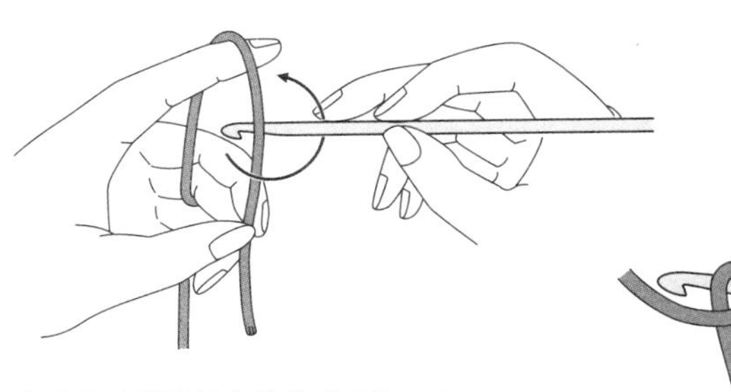

1. 将阿富汗针放在线的后面绕一圈。

2. 在针头绕上线圈。

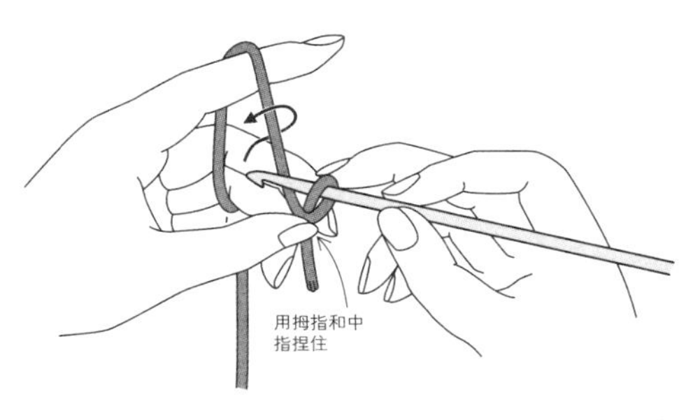

3. 如箭头所示转动针头，挂线。

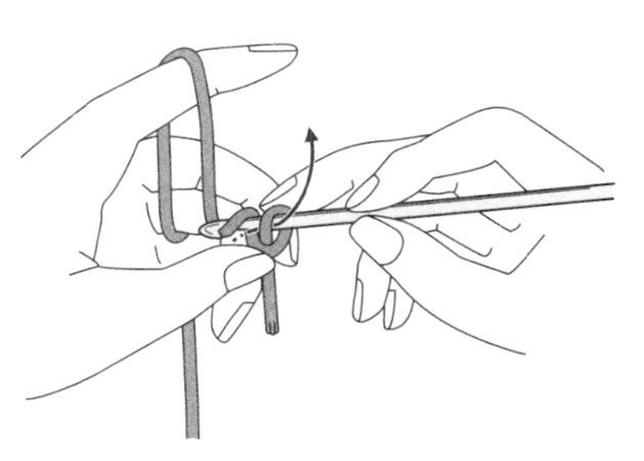

4. 将线拉出，拉动短线头收紧。

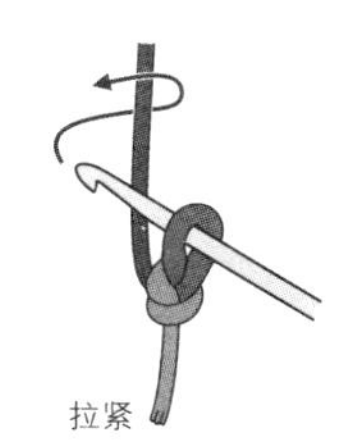

5. 如箭头所示转动针头，挂线。

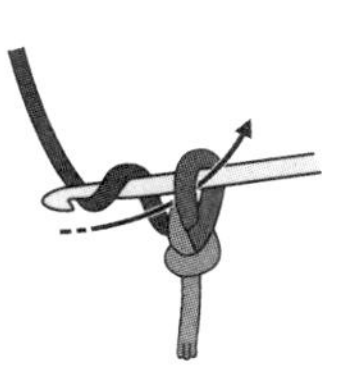

6. 将线从针上的线圈中拉出，1针锁针完成。

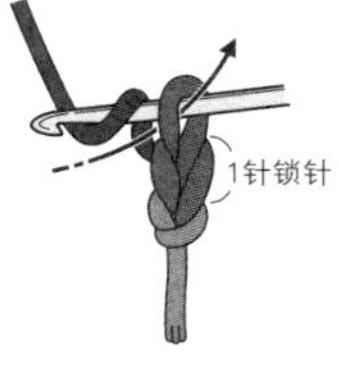

7. 挂线，从针上的线圈中拉出第2针锁针。

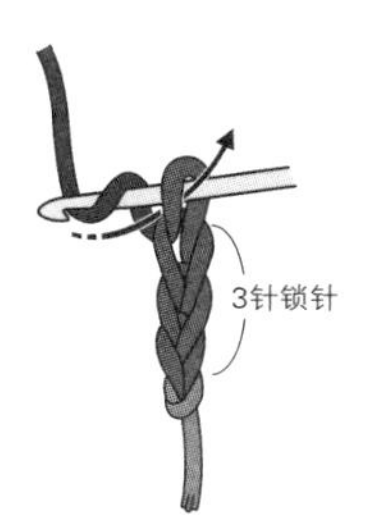

8. 重复“挂线后拉出”，继续编织。

从起针处挑针的方法

做阿富汗针编织时，为了避免边缘太厚，尽量在锁针的1根线里挑针。

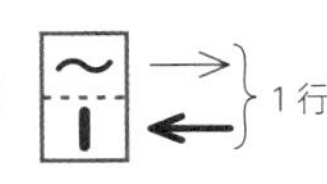

●从起针锁针的里山挑针

一般情况下，这是最常用的方法。编织起点和编织终点会呈现相同的状态。

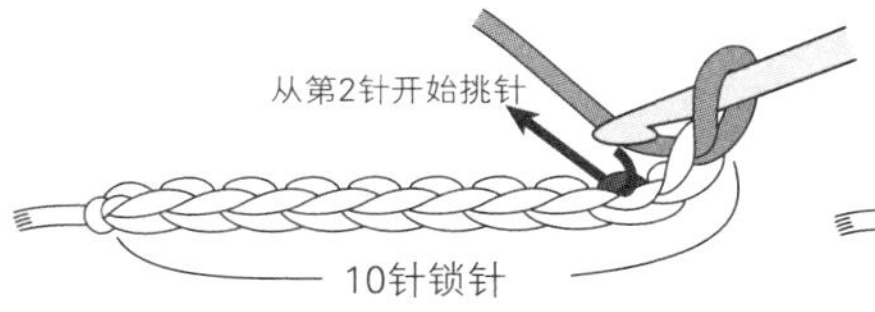

1. 将针插入起针锁针的里山（1根线）。

2. 挂线后拉出。

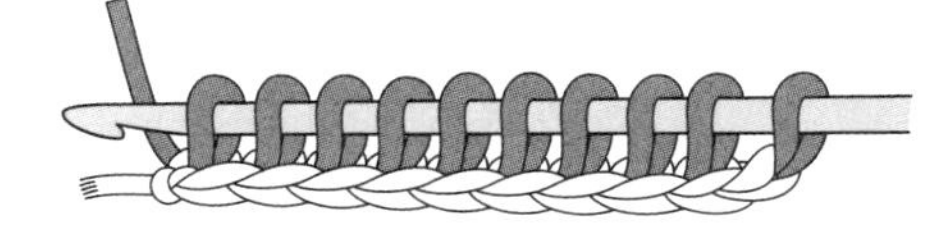

3. 留下共线起针的锁针，整齐美观。

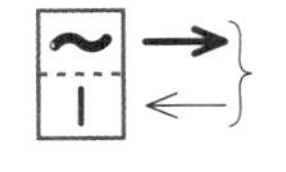

从起针处挑针后一定要进行后退编织完成1行。

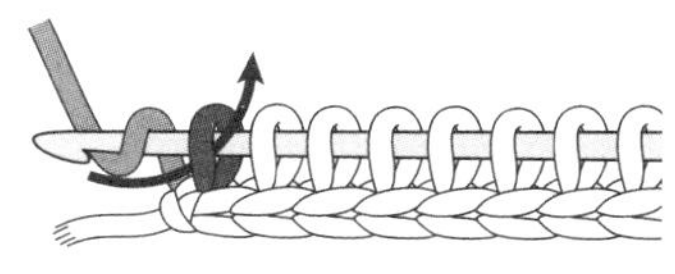

1. 针头挂线，引拔穿过边上的1个线圈。

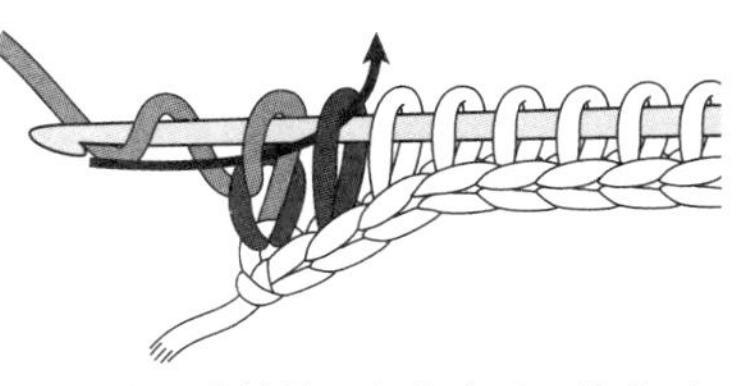

2. 针头再次挂线，如箭头所示依次引拔穿过针上的2个线圈。

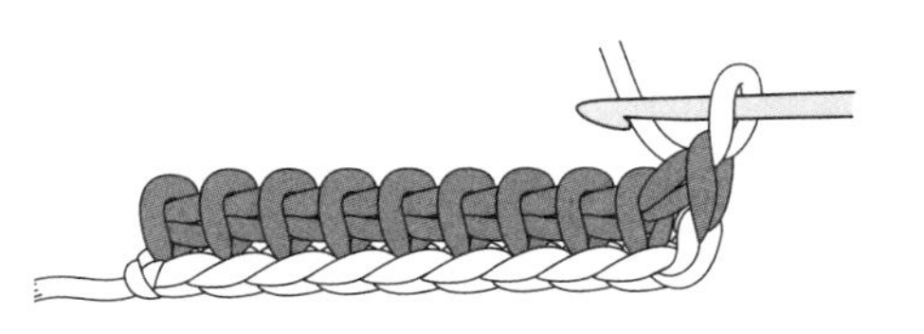

3. 前进和后退往返编织1次就完成了1行。

基础针法

锁针

主要用于起针，不过镂空花样中后退编织有时也会用到锁针。

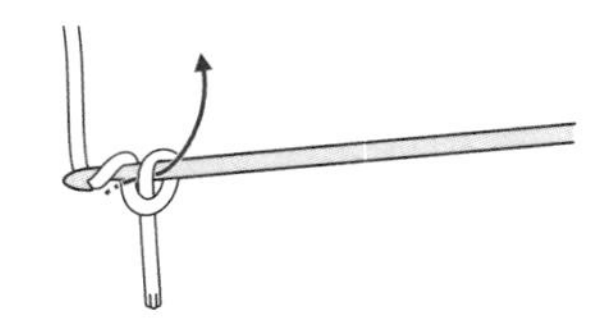

1. 在针头绕上线圈，将线拉出。拉紧线头，最初的针目完成。

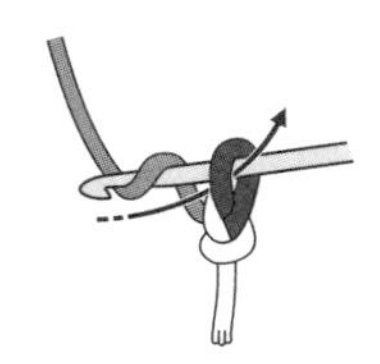

2. 从后往前在针头挂线后拉出，1 针锁针完成。

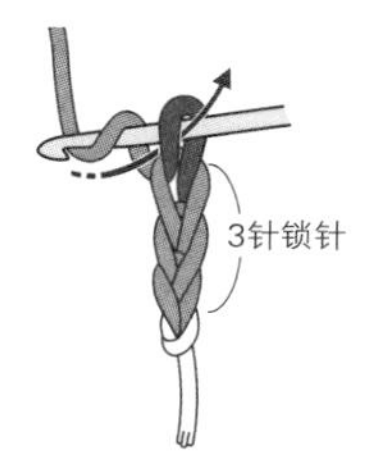

3. 重复“挂线后拉出”，继续编织。

下针

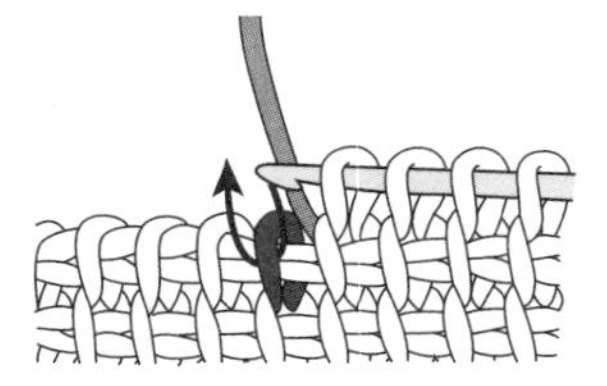

1. 如箭头所示，将针插入前一行的竖针。

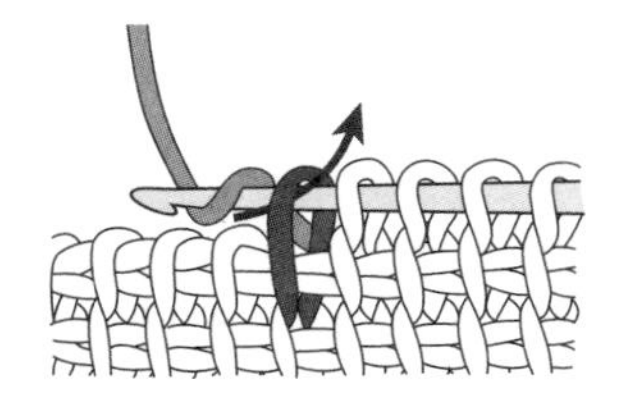

2. 从后往前在针头挂线后拉出。

3. 下针完成。

退针

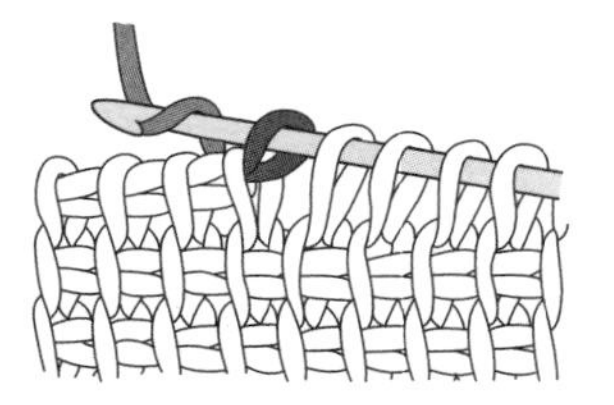

1. 从后往前在针头挂线。

2. 如箭头所示一次性引拔穿过针上的 2 个线圈。

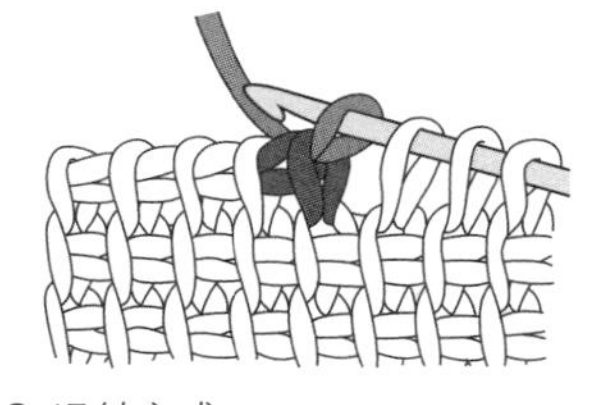

3. 退针完成。

上针

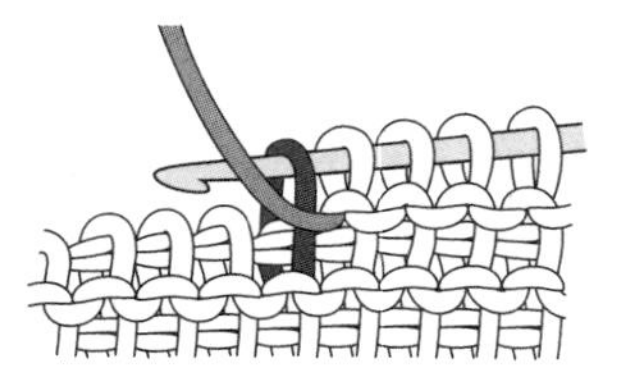

1. 将线放到前面，将针插入前一行的竖针。

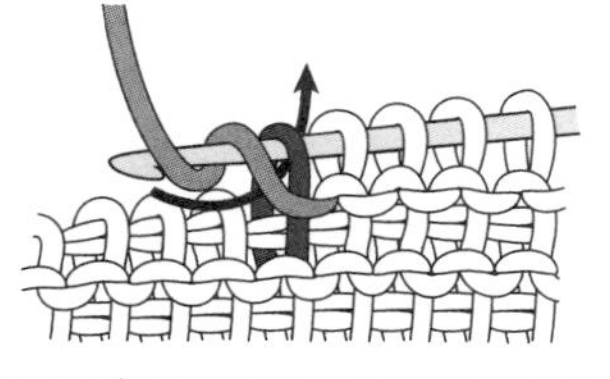

2. 从前往后挂线，如箭头所示向后拉出。

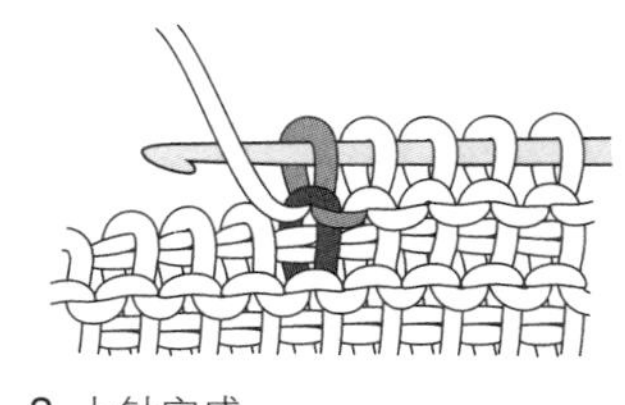

3. 上针完成。

挂针

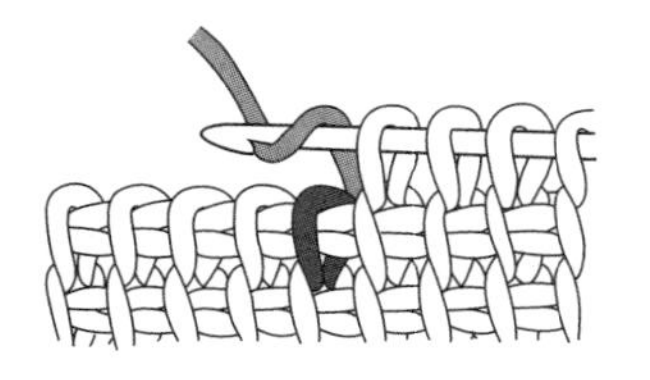

1. 在符号位置，从后往前在针头挂线。

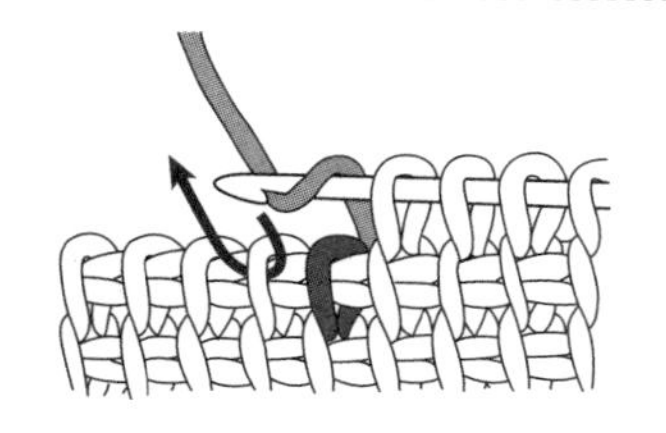

2. 跳过前一行的 1 针竖针，编织下一针。（加针的情况，无须跳过针目编织）

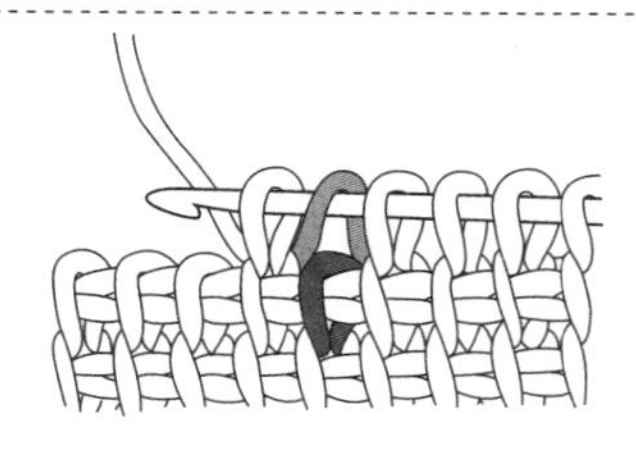

3. 挂针完成。

平针

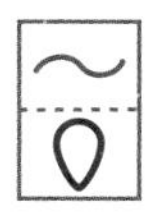

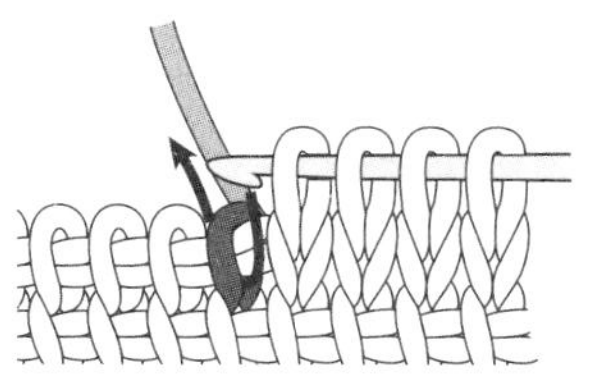

1. 从前一行退针的下方将针插入竖针中间。

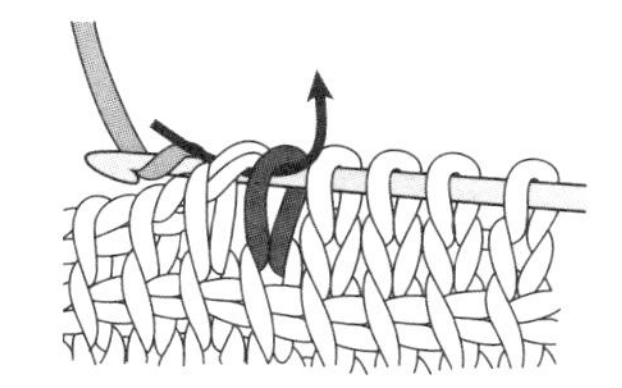

2. 挂线，如箭头所示拉出。

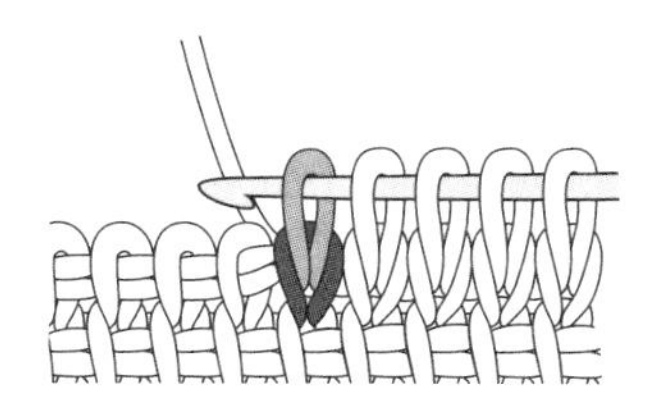

3. 平针完成。

长针

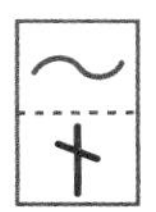

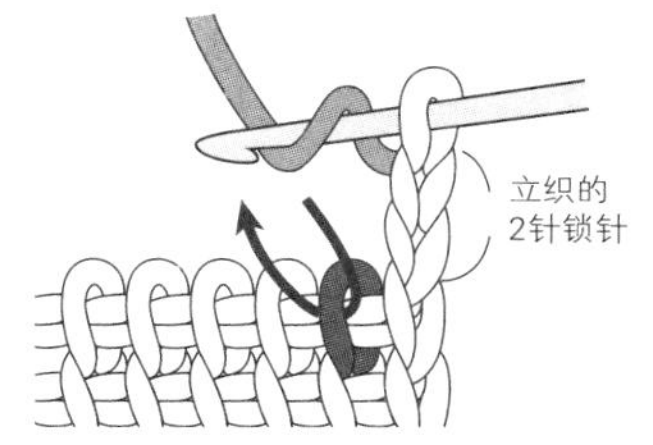

1. 针头挂线，将针插入前一行的竖针，接着挂线拉出。

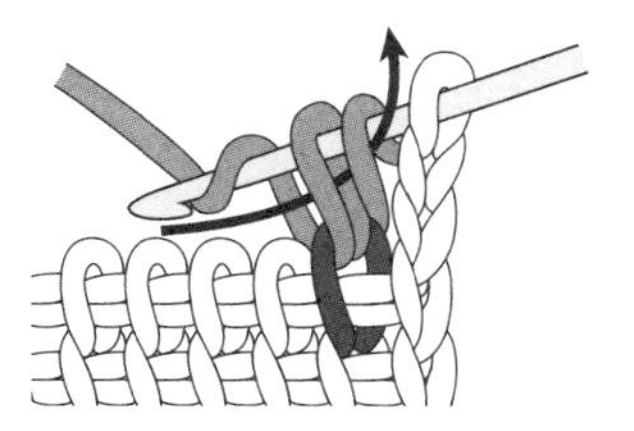

2. 再次挂线，一次性引拔穿过针上的 2 个线圈。

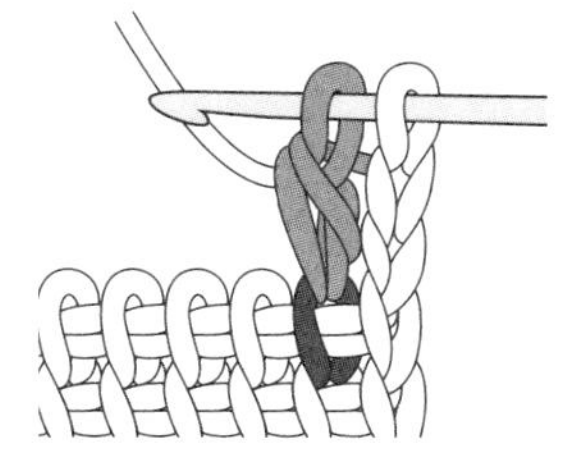

3. 长针完成。

滑针

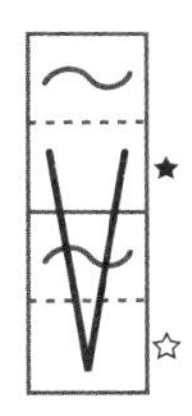

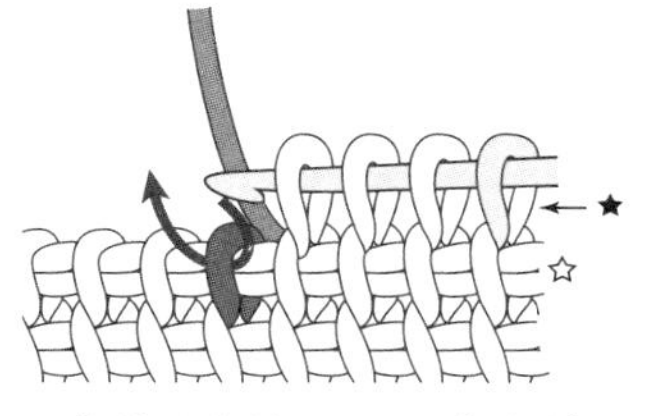

1. 将线放在针的后面，挑起前一行的竖针不编织，直接移至针上。

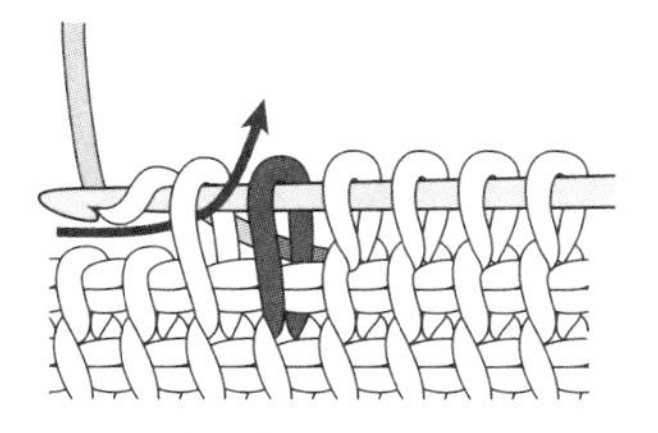

2. 下一针正常编织。

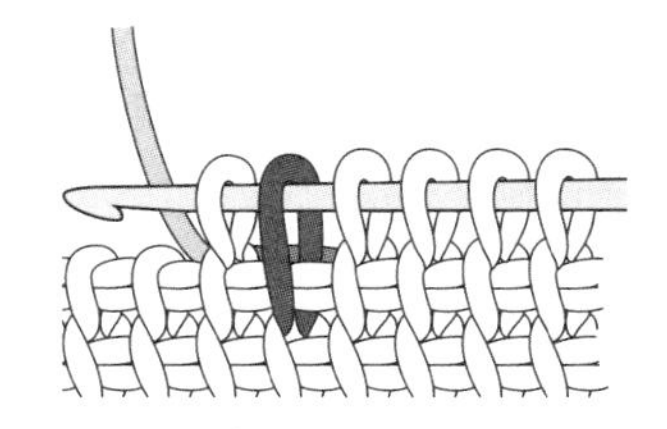

3. 滑针完成。渡线位于织物的反面。

锁针花

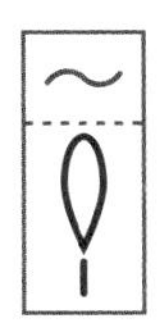

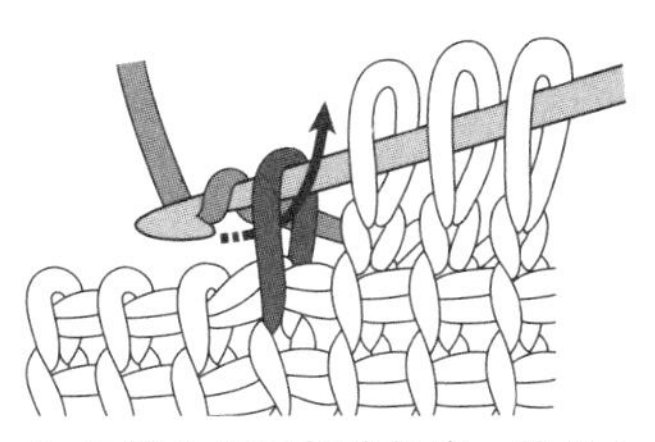

1. 如箭头所示将线拉出，编织 1 针下针。

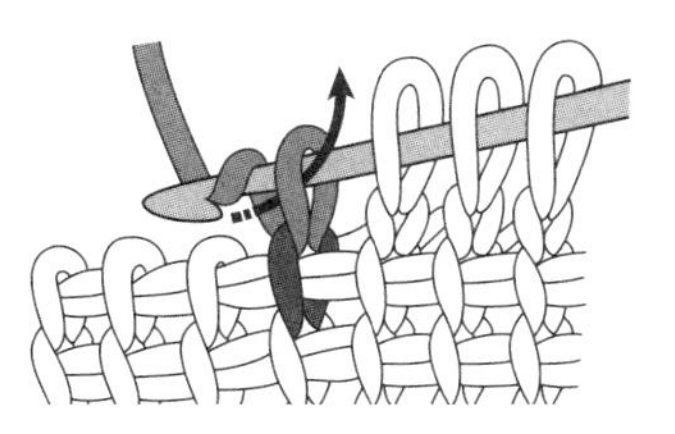

2. 再次挂线后拉出。

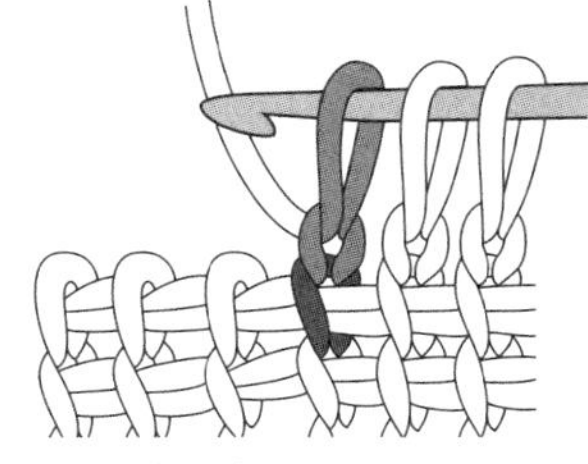

3. 将刚才拉出的针目拉长至下针的 2 倍左右。

反针

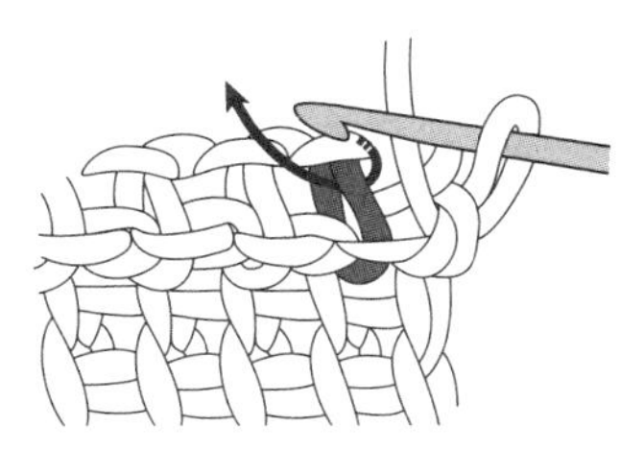

1. 将前一行的退针倒向前面，将针插入后面的竖针。

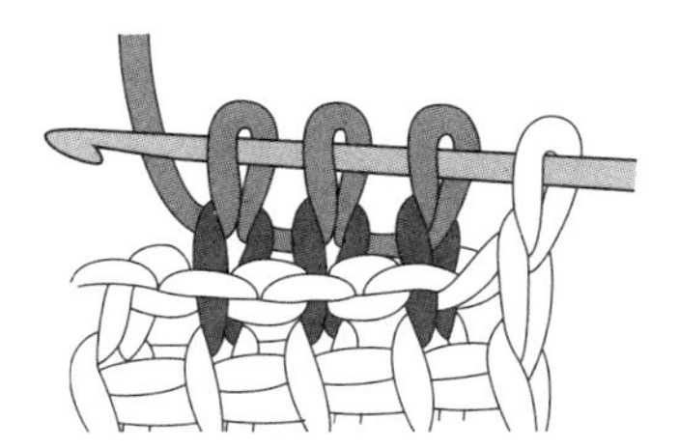

2. 挂线后拉出。前一行退针的里山出现在织物的前面。

交叉针 A

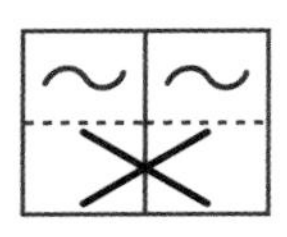

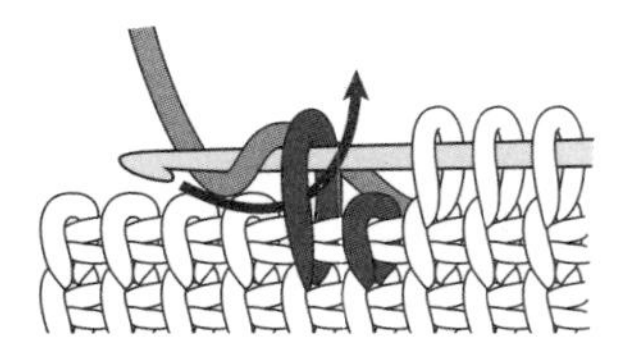

1. 跳过前一行的 1 针竖针，将针插入下一针竖针编织下针。

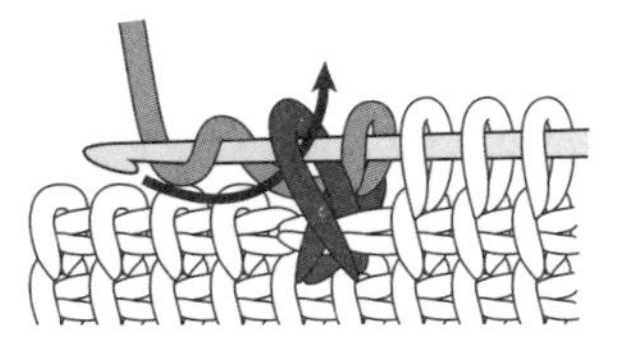

2. 挑起刚才跳过的针目编织下针。

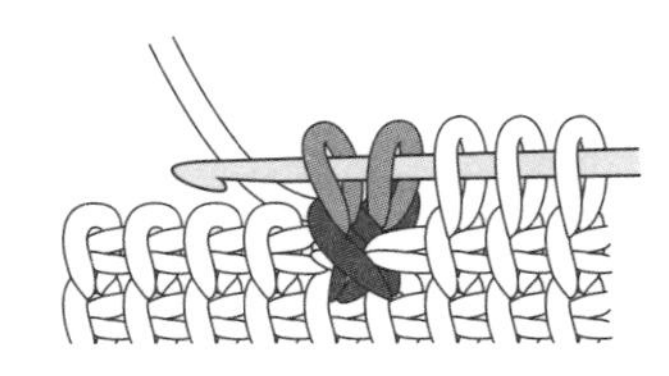

3. 交叉针完成。

交叉针 B

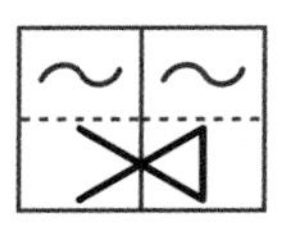

1. 将针插入前一行的 2 针竖针，挂线后一次性引拔。

2. 如箭头所示，将针插入前一针的竖针。

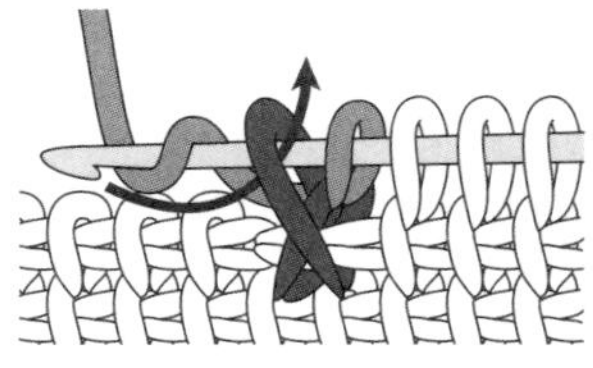

3. 挂线后拉出。

4. 交叉针完成。

3 针锁针的狗牙针

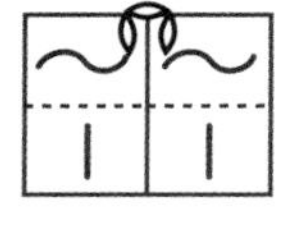

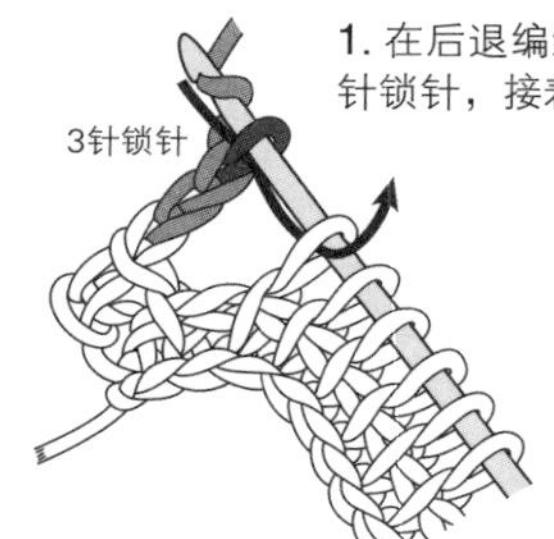

1. 在后退编织时操作。按钩针编织的要领钩织 3 针锁针，接着编织下一针退针。

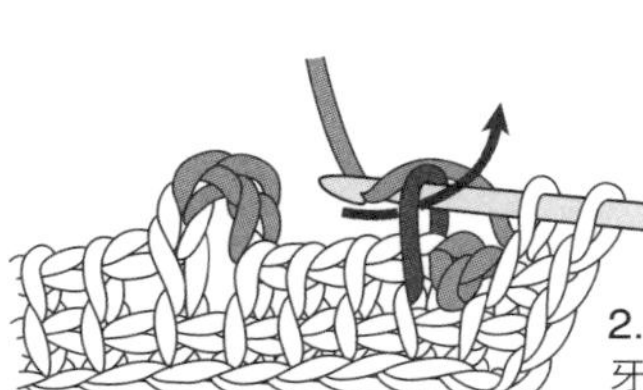

2. 在下一行前进编织时，将 3 针锁针的狗牙针向前面倒，在竖针里挑针继续编织。

2 针并 1 针

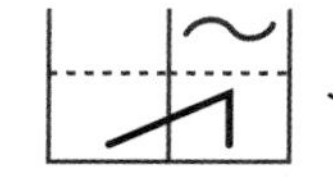、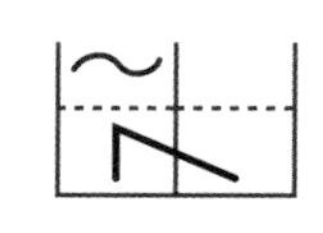

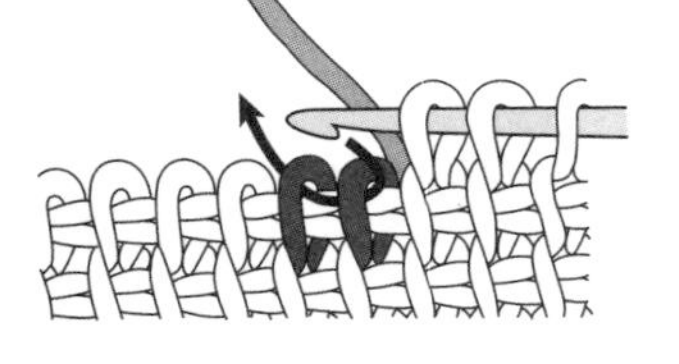

1. 将针插入前一行的 2 针竖针。

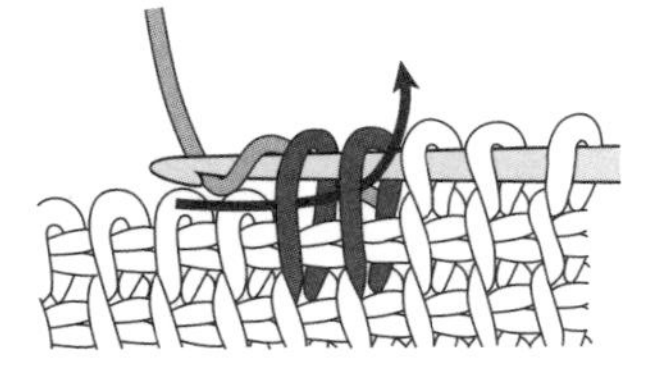

2. 挂线后拉出。

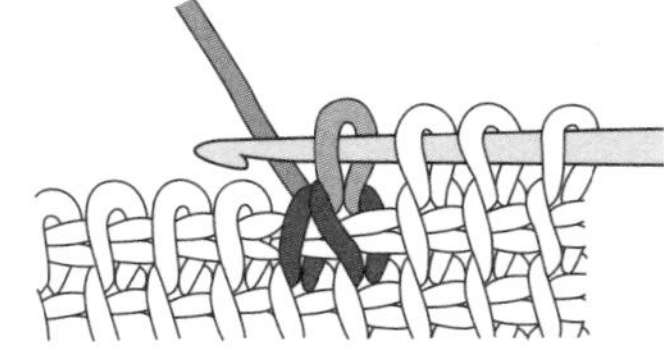

3. 2 针并 1 针完成。虽然有 2 种针法符号，但是操作方法相同。

退针的 3 针并 1 针

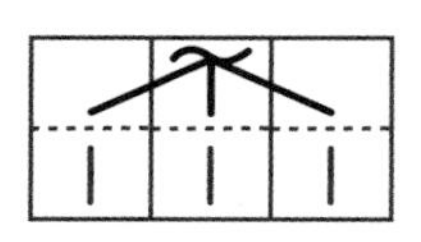

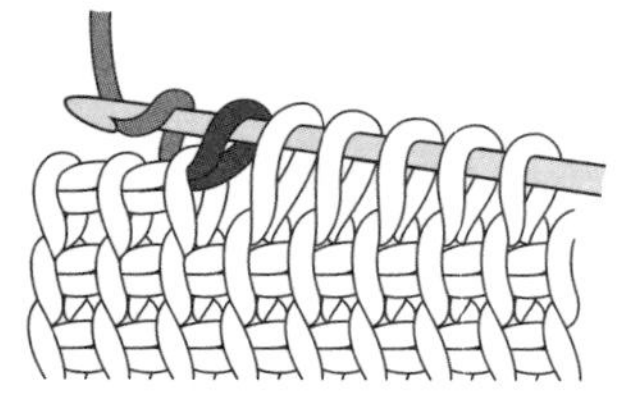

1. 在后退编织时操作。针头挂线。

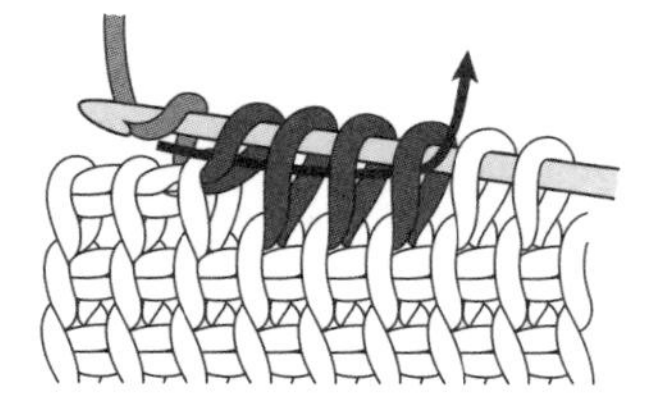

2. 一次性引拔穿过退针的 1 个线圈以及 3 针竖针（共 4 个线圈）。

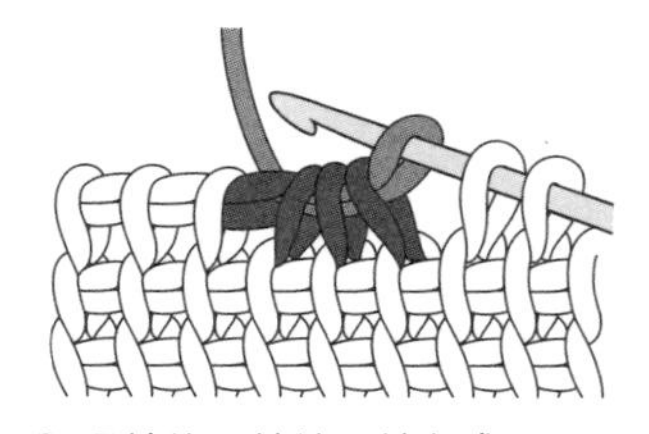

3. 退针的 3 针并 1 针完成。

从退针上挑针

●分开退针的锁针挑针

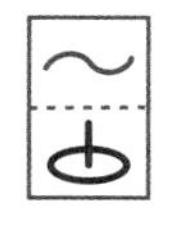

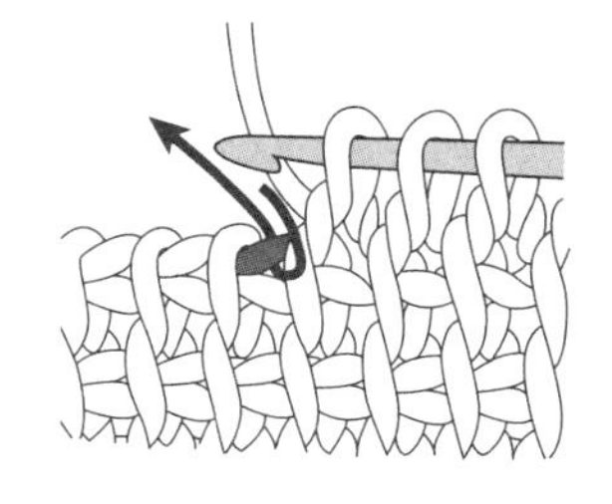

●从退针的锁针的里山挑针

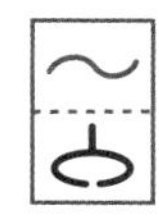

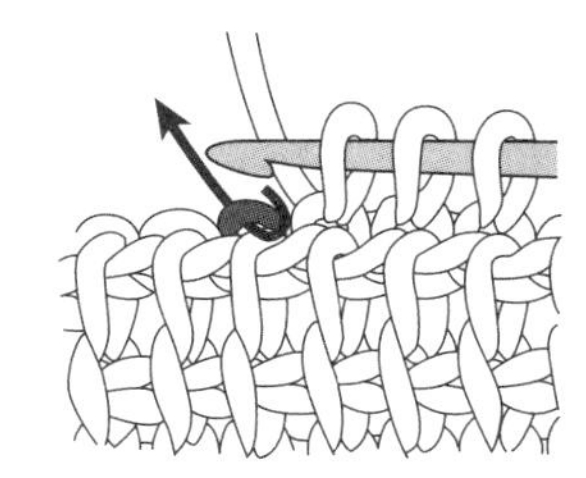

1 针的加针

右侧

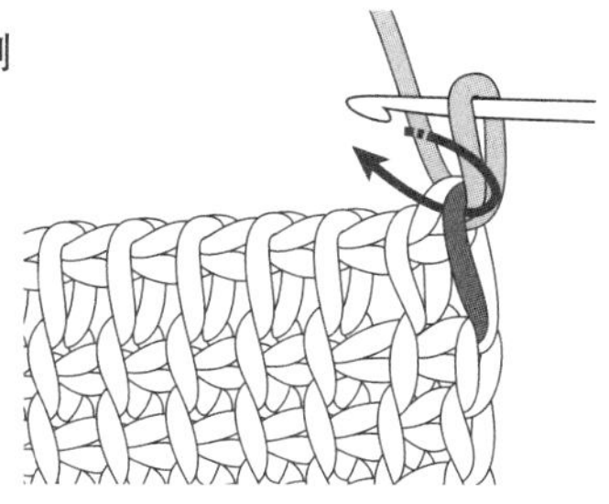

1. 在前一行的竖针里挑针，编织 1 针。

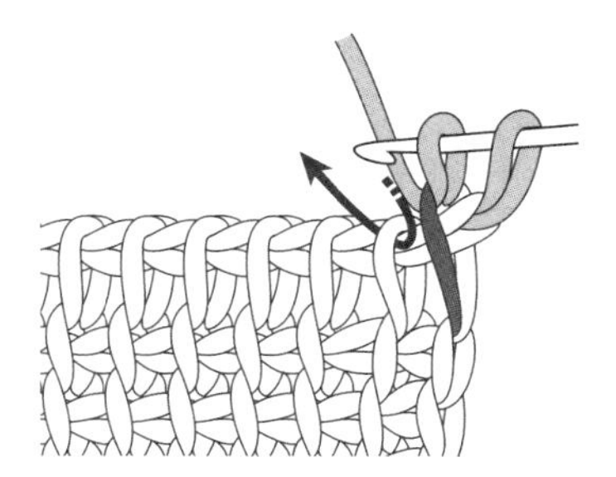

2. 这样就从 1 针里放出了 2 针。接着编织第 2 针。

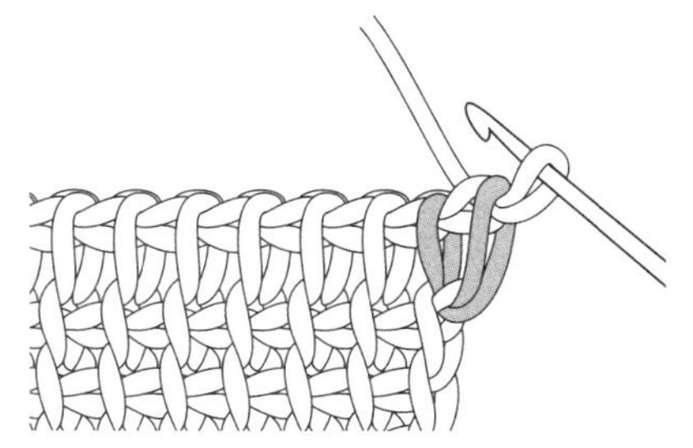

3. 右侧 1 针的加针完成。

左侧

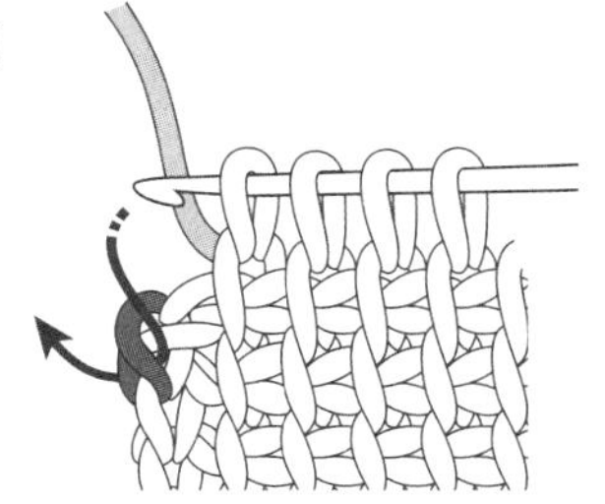

1. 在左端的 2 根线里挑针，编织 1 针。

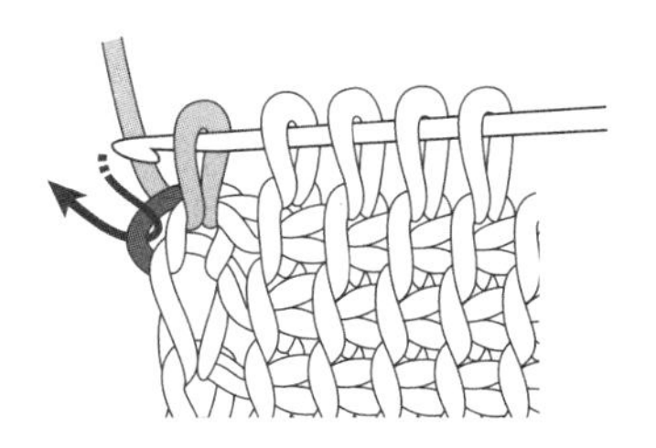

2. 在边针下方的线里挑针，再编织 1 针。

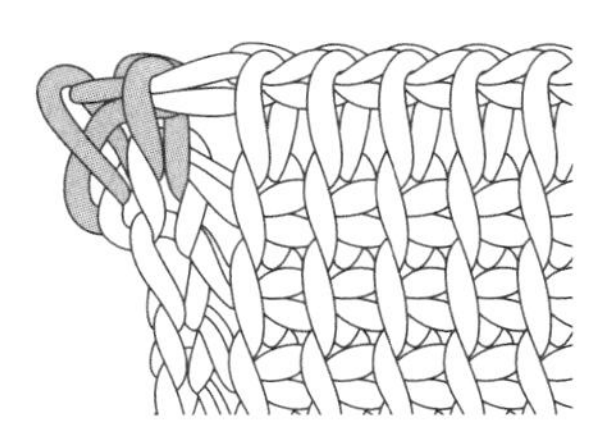

3. 左侧 1 针的加针完成。

换线方法

在后退编织时换线的方法

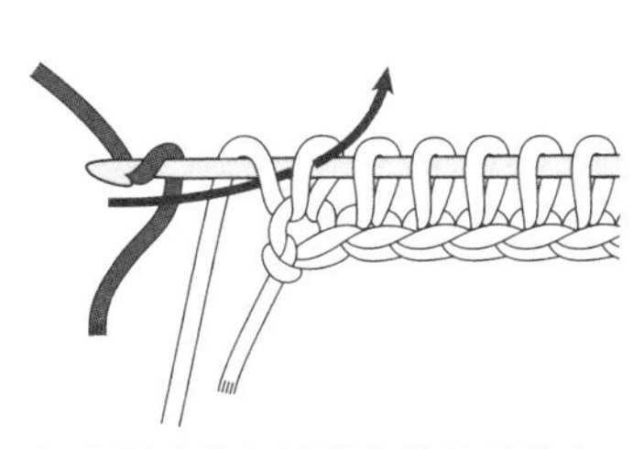

1. 将刚才编织的线从前往后挂在针上暂停编织，换成接下来要编织的线，一起引拔穿过针上的挂线和边针，继续编织退针。

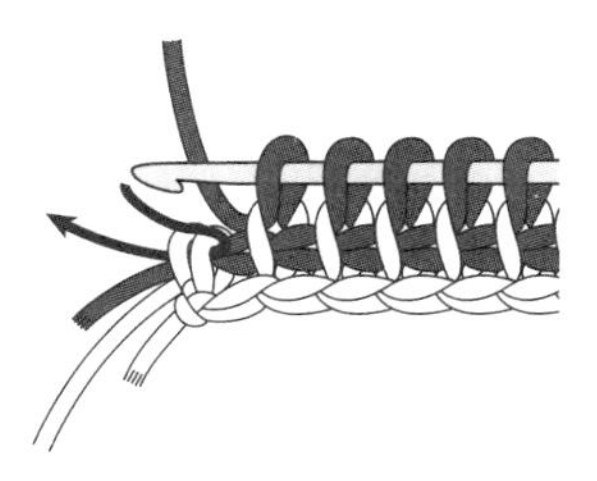

2. 在下一行前进编织时，左端连同挂线一起挑针编织。

在右端换线的方法

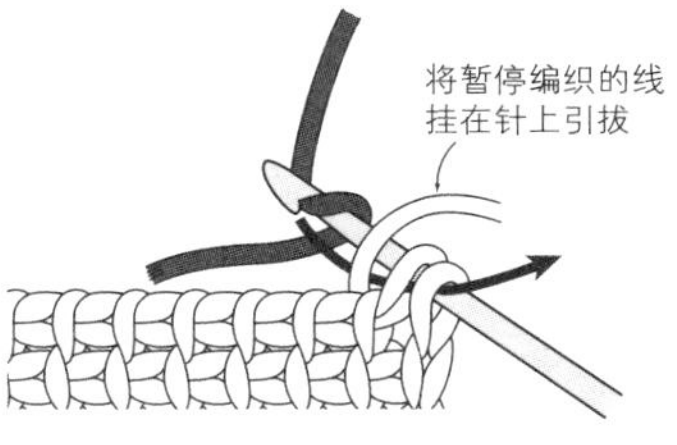

1. 在编织最后一针退针前换线，用新线引拔。

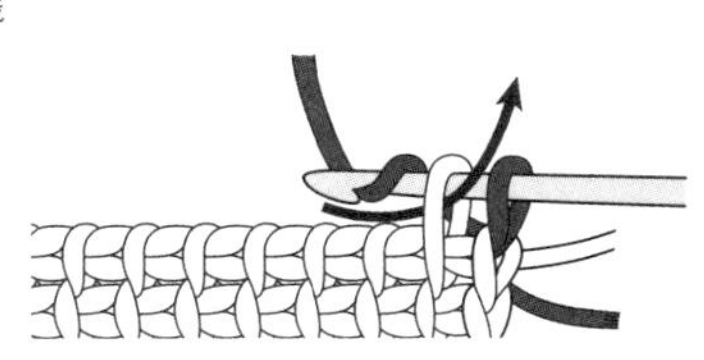

2. 从第 2 针开始用新线继续编织。

收针方法

基本阿富汗针编织（下针）的引拔收针

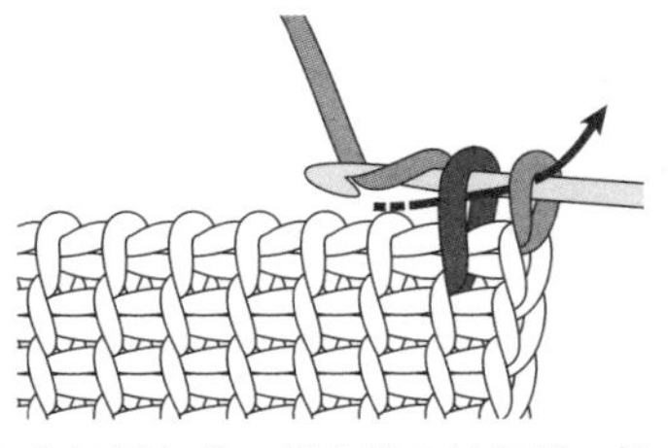

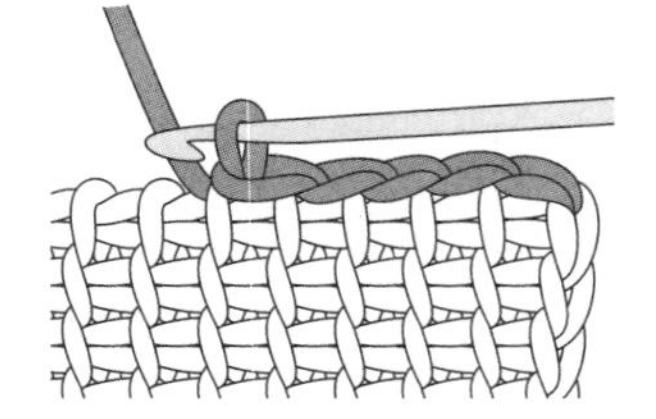

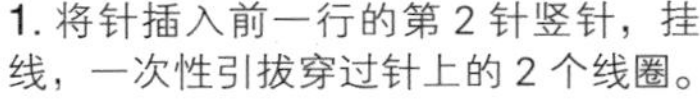

1. 将针插入前一行的第 2 针竖针，挂线，一次性引拔穿过针上的 2 个线圈。

2. 从第 2 针开始按相同方法继续引拔。

挑针方法

从桂花针的阿富汗针编织的行上挑针的方法（左端）

（基本阿富汗针编织的情况请参照 p.15）

将针插入竖针外侧的退针的下方线圈里挑针。加针时，再在退针的上方线圈里挑针（如白色箭头所示）。

缝合与接合

挑针缝合

右端的入针方法

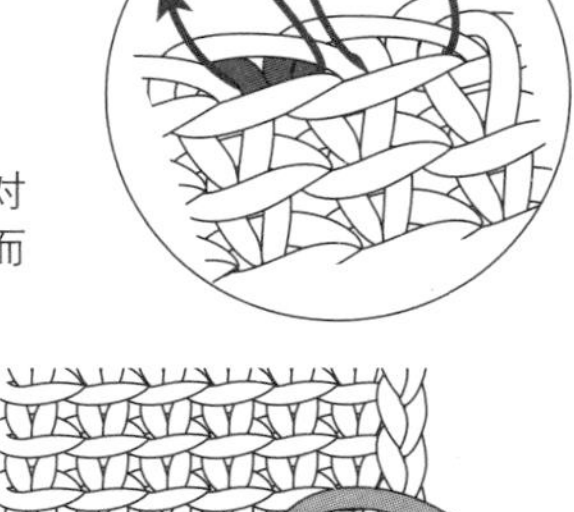

●将左端的 1 针作为缝份的情况

缝合后左端的 1 针竖针消失，织物的花样呈连续状态。
在做配色花样等编织，想将织物的花样拼接在一起时，就使用这种缝合方法。

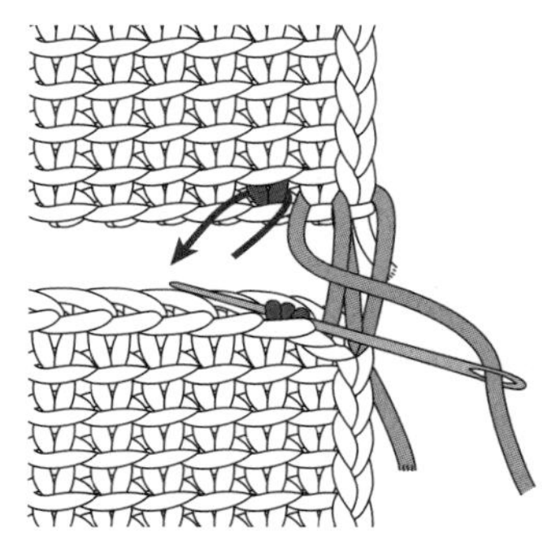

1. 正面朝上对齐 2 片织物并拿好。连接起针的锁针后开始缝合。织物的左端在 1 针内侧的退针的 2 根线里挑针。

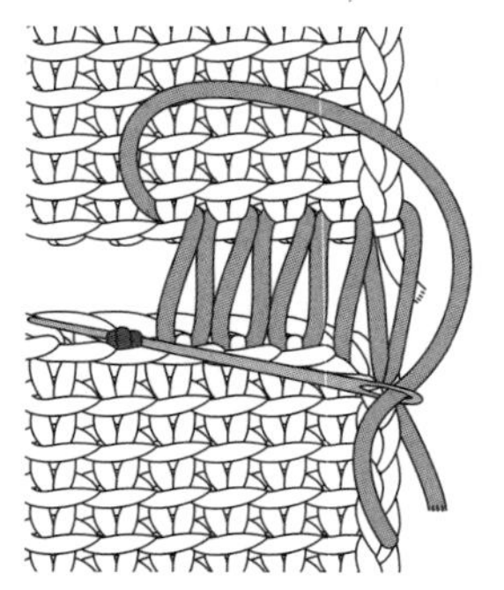

2. 织物的右端在针目以及退针的锁针里入针，再从下一行的退针中出针。一边缝合，一边将缝合线拉紧至看不到线迹为止。

●保留左端针目的情况

左右两端的竖针都不会消失，呈对称状保留下来，也不会因为缝合而少了 1 针。

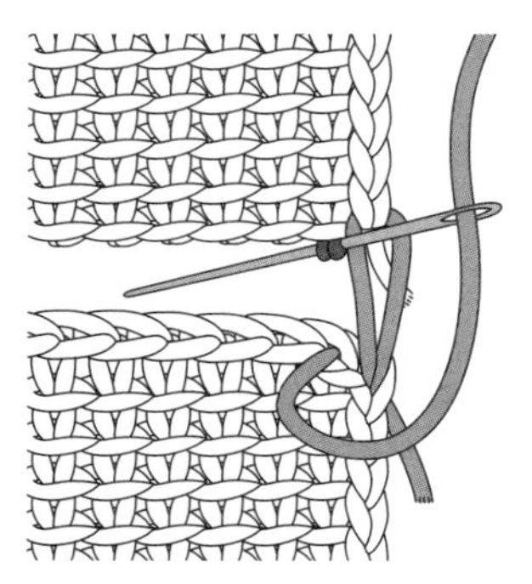

1. 正面朝上对齐 2 片织物并拿好。连接起针的锁针后开始缝合。织物的左端从竖针外侧的退针的 2 根线里挑针。

2. 织物的右端在针目以及退针的锁针里入针，再从下一行的退针中出针。一边缝合，一边将缝合线拉紧至看不到线迹为止。

桂花针的阿富汗针编织的缝合

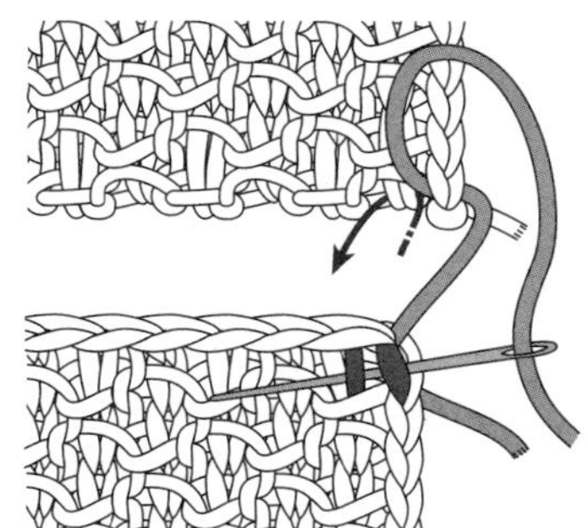

1. 正面朝上对齐 2 片织物并拿好，连接起针的锁针。

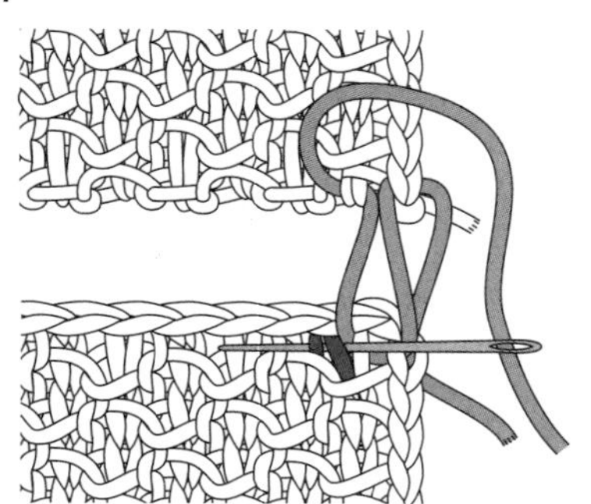

2. 织物的右端在边针内侧的退针的 2 根线里挑针。

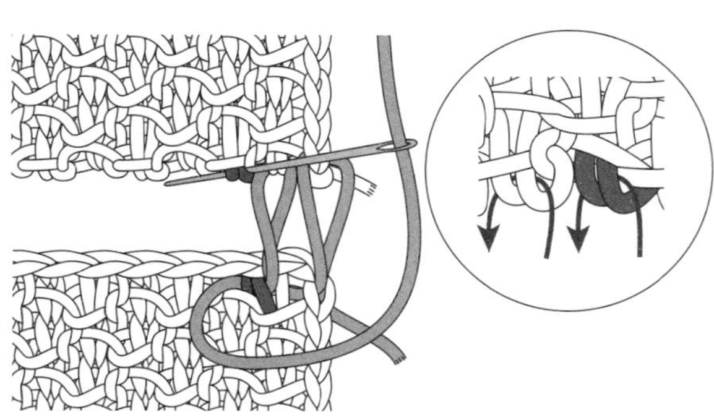

3. 织物的左端从竖针外侧的退针的 2 根线里挑针。将缝合线拉紧至看不到线迹为止。

无缝缝合（挑针缝合）

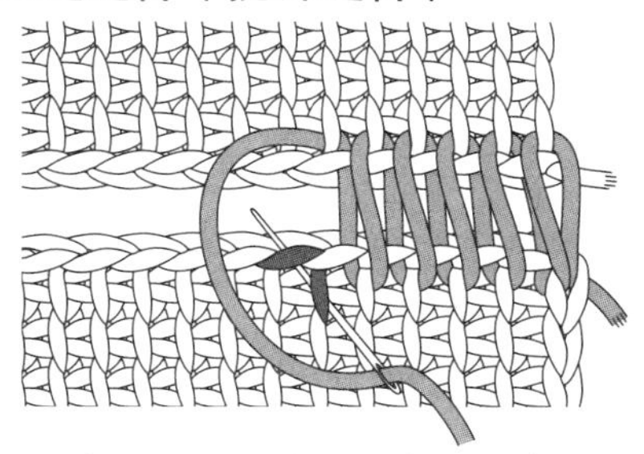

1. 从前面（近处）织物的右端针目中出针（同时挑起退针），再在后面（远处）织物的竖针里挑针，连接 2 个边针。前面织物在竖针以及引拔收针的针目内侧 1 根线里挑针。

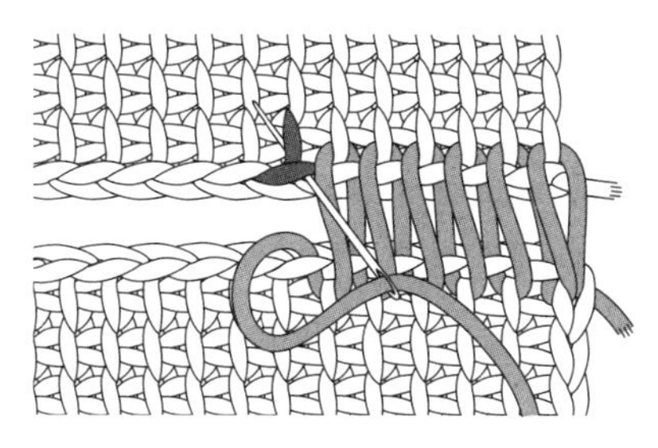

2. 后面织物在引拔收针的针目内侧 1 根线以及竖针里挑针。重复步骤 1、2。

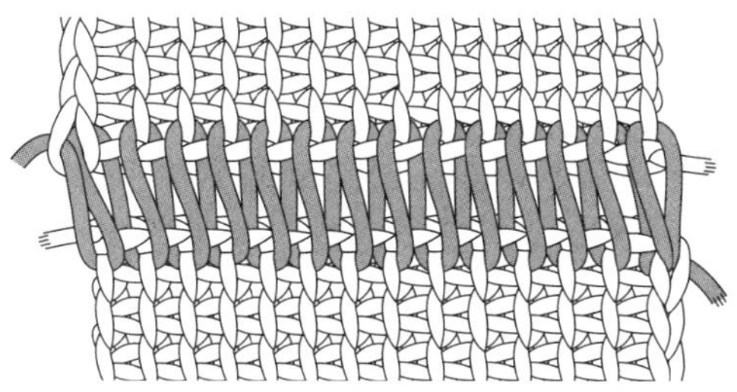

3. 挑针缝合完成。随后可以将缝合线拉紧至看不到线迹为止，也可以拉至形似竖针的状态。

引拔接合

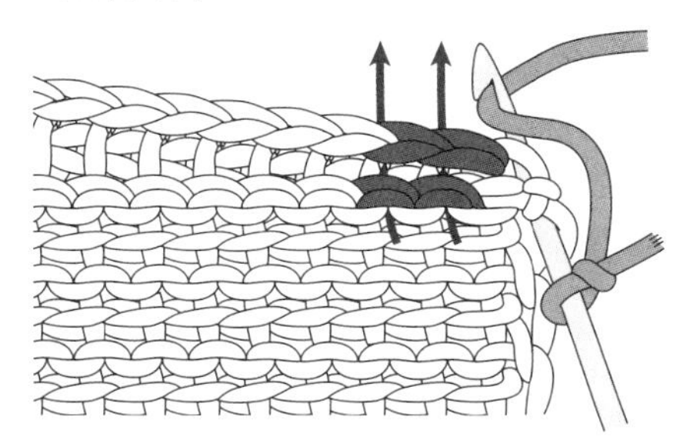

1. 将 2 片织物正面相对。如箭头所示，将针一起插入 2 片织物的最后一行针目，挂线后引拔。

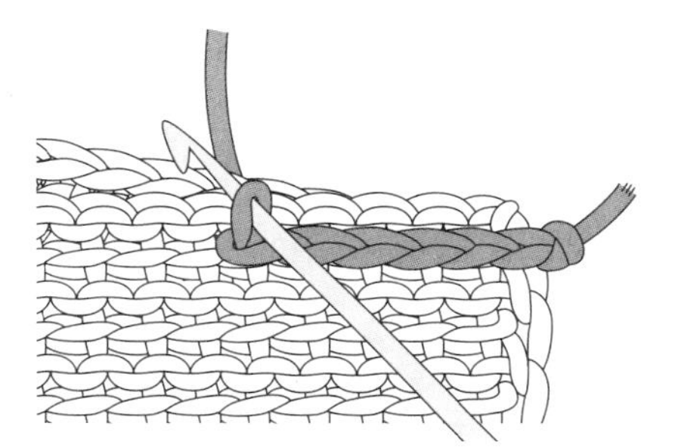

2. 一针一针地依次引拔。

桂花针的阿富汗针编织的缝合

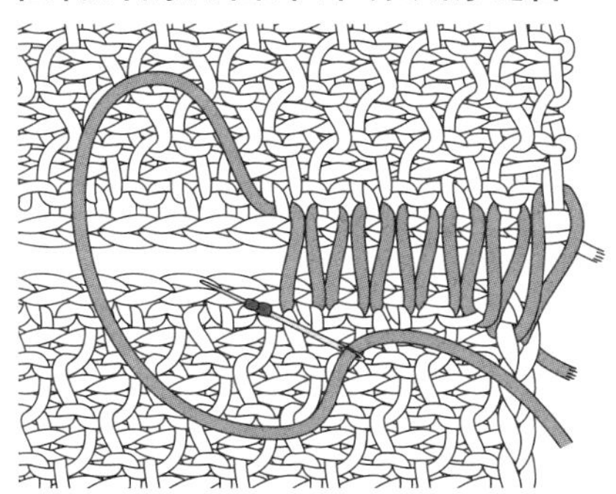

2 片织物均在引拔收针的锁针根部的 2 根线里依次挑针缝合。
将缝合线拉紧至看不到线迹为止。

针与行的缝合

●编织终点与左端的缝合

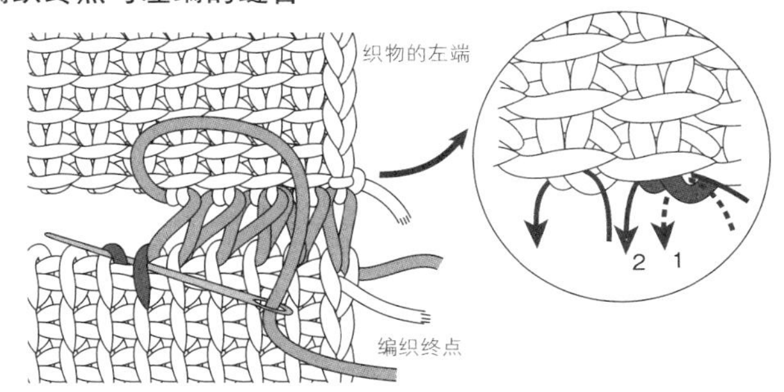

编织终点保留针目状态。
穿上缝合线的手缝针在一个针目中入针，再从下一个针目中出针。
行的左端在退针的 2 根线里挑针。一般情况下针数会比行数多，所以会在左端的行上多挑几针。
图中的虚线箭头就是从 1 行里挑出 2 针时的挑针位置。

●编织终点与右端的缝合

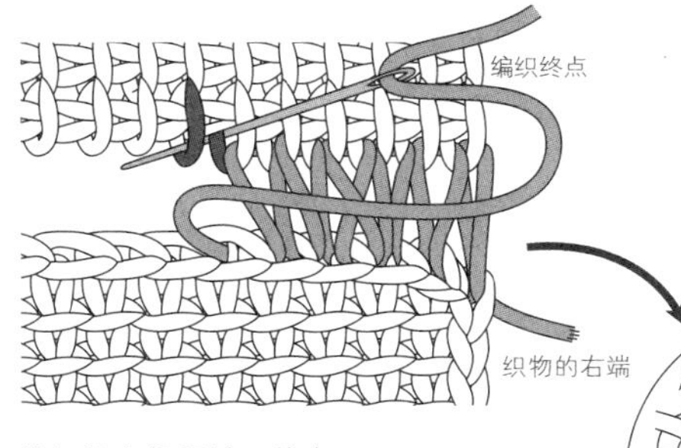

编织终点保留针目状态。
穿上缝合线的手缝针在一个针目中入针，再从下一个针目中出针。
行的右端在针目的中间入针，挑起退针的 2 根线以及竖针的线圈。一般情况下针数会比行数多，所以会在右端的行上多挑几针进行调整。
图中的虚线箭头就是从 1 行里挑出 2 针时的挑针位置。

Photographers：YuKari Shirai
Original Japanese edition published in Japan by NIHON VOGUE CO., LTD.,
Simplified Chinese translation rights arranged with BEIJING BAOKU INTERNATIONAL OULTURAL DEVELOPMENT Co., Ltd.

备案号：豫著许可备字-2021-A-0020

图书在版编目（CIP）数据

奇妙的阿富汗针编织 / 日本宝库社编著；蒋幼幼译. —郑州：河南科学技术出版社，2022.3
ISBN 978-7- 5725-0685-7

Ⅰ. ①奇… Ⅱ. ①日… ②蒋… Ⅲ. ①绒线–手工编织 Ⅳ. ①TS935.52

中国版本图书馆CIP数据核字(2022)第021445号

出版发行：河南科学技术出版社
地址：郑州市郑东新区祥盛街27号　　邮编：450016
电话：（0371）65737028　　65788613
网址：www.hnstp.cn
策划编辑：刘　欣
责任编辑：刘　欣
责任校对：耿宝文
封面设计：张　伟
责任印制：张艳芳
印　　刷：河南新达彩印有限公司
经　　销：全国新华书店
开　　本：889 mm × 1 194 mm　1/16　　印张：6　　字数：170千字
版　　次：2022年3月第1版　　2022年3月第1次印刷
定　　价：59.00元

如发现印、装质量问题，影响阅读，请与出版社联系并调换。